지구의 수호신 성층권 오존

지구의 수호신 성층권 오존

전파과학사는 독자 여러분의 책에 관한 아이디어와 원고를 기다리고 있습니다. 디아스포라는 전파과학사의 임프린트로 종교(기독교), 경제·경영서, 일반 문학 등 다양한 장르의 국내 도서와 해외 번역서를 준비하고 있습니다. 출간을 희망하는 원고의 개요와 투고 취지, 연락처 등을 아래 이메일로 보내 주세요.

지구의 수호신 성층권 오존

–
초판 1쇄 1992년 03월 30일
개정 1쇄 2026년 02월 24일

–
지 은 이 시마자키 다쓰오
옮 긴 이 한명수
발 행 인 손동민
디 자 인 강민영

–

펴 낸 곳 전파과학사
출판등록 1956. 7. 23 제 10-89호
주　소 서울시 서대문구 증가로18, 204호
전　화 02-333-8877(8855)
팩　스 02-334-8092
이 메 일 chonpa2@hanmail.net
공식 블로그 https://blog.naver.com/siencia

ISBN 979-11-94832-48-5 (03450)

지구의 수호신

성층권 오존

시마자키 다쓰오 지음 | 한명수 옮김

THE STRATOSPHERIC
OZONE LAYER
EARTH'S PROTECTOR

전파과학사

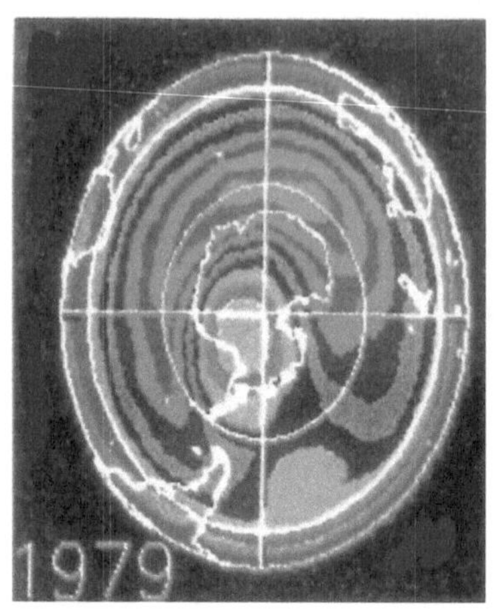

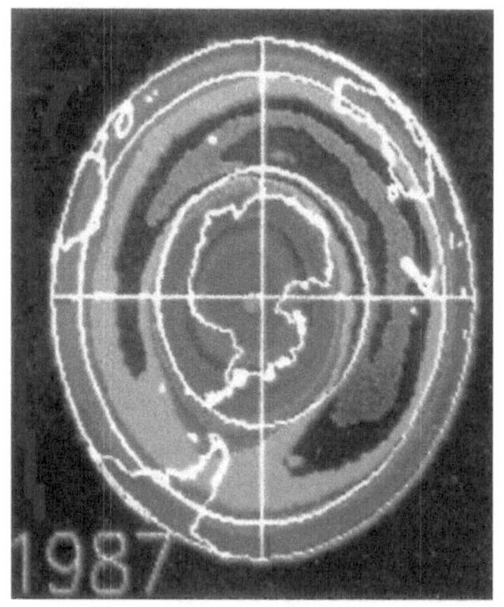

이것이 오존홀이다. 1987년 10월과 1979년 10월 남극 지역에서의 오존 전량 분포를 나타낸 것이다. 1987년의 남극점을 중심으로 하는 지역의 값은 140도브슨이며 1979년의 값(300도브슨)의 절반 이하로 감소했음을 알 수 있다.(본문 218쪽 참조)

북극 성층권에서 관측된 극성층권운(PSC)은 성층권의 기온이
내려가면 나타나고 오존을 감소시키는 광화학 반응을 촉진한다.

성층권의 프레온 등 미량 성분을 관측하기 위해
산리쿠 해안에서 띄우는 기구와 관측 장치

성층권 오존 관측에 널리 사용되는
도브슨 분광계

최근 들어 지구 규모의 환경 파괴가 갑자기 문제가 되고 있다. 제2차 세계 대전 이후 각국의 급격한 공업화와 경제 활동의 확대에 따라 1960년대부터 세계 곳곳에서 '공해' 문제가 잇따라 나타났다. 그러나 이제는 문제가 개별 지역에 그치지 않고 지구적 규모의 공해로 확대되면서, 인류의 생존 기반인 지구 환경 전체가 위기에 놓이게 되었다. 인구 증가에 따른 광범위한 개발, 열대우림을 비롯한 삼림 벌채로 인한 토양 사막화, 인간 활동에서 비롯된 지구 대기의 오염 등 지구 환경의 파괴는 지금도 꾸준히 진행되고 있다.

이러한 인식은 최근 일본에서도 많은 사람들에게 널리 퍼지고 있다. 실제로 프레온가스에 의한 성층권 오존 파괴 문제나 석탄·석유 등 화석 연료를 태울 때 증가하는 이산화탄소로 인해 온실효과가 강화되면서 지구 온난화가 진행되는 문제는 대부분의 사람이 텔레비전이나 신문 등을 통해 이미 알고 있는 사실이다. 최근 이러한 경향은 세계적인 현상이지만, 성층권 오존 파괴 문제는 서구에서는 상당히 이전부터 주목을 받아 왔기 때문에, 그 원인으로 지적되는 프레온 규제에 대해서도 사람들이 비교적 냉정하고 자연스럽게 받아들이는 듯하다.

성층권 오존 파괴 문제는 1970년대 초, 성층권을 비행하는 초음속기

(SST)의 영향을 조사하기 위해 설립된 미국 CIAP위원회가 처음으로 본격적인 조사·연구를 실시하면서 주목받기 시작했다. 최근에는 인공위성 관측, 특히 남극에서 발견된 오존홀 등을 통해 성층권 오존이 실제로 감소하고 있다는 사실이 확인되었고, 노르웨이를 비롯한 북유럽 여러 나라에서 피부암 발생이 급격히 증가하고 있다는 것이 밝혀지면서, 지금까지 '가설'로 여겨졌던 '인간 활동의 산물인 프레온 등이 성층권 오존을 감소시킨다'는 주장이 갑자기 현실적 의미를 갖는 문제로 떠오르게 되었다.

지구 규모의 환경 파괴 문제는 이제 과학이나 경제의 영역을 넘어 국제 정치 문제로까지 번지고 있다. 미소 규축 회의가 진행되면서 이른바 '냉전'이 종식되고 새로운 시대를 맞이하게 된 것은 사람들의 시선을 '위기에 놓인 지구'로 향하게 하는 데 절호의 기회가 되었다. 흔히 선진 여러 나라의 정치인들은 프레온을 전면적으로 폐지하자며 환경 보호를 강조하는 정책을 내세우는 반면, 개발도상국들은 프레온 규제로 인해 자국의 경제 발전이 제자리걸음을 하게 되어 선진국과의 격차가 해소되기는커녕 오히려 더 벌어질 것이라는 우려에서 강하게 반발하고 있다.

보통의 공해 문제에서는 피해가 현실화된 뒤에야 일반 시민이 떠들어대고, 정부와 기업 사이에서 장기간의 교섭 끝에 비로소 공해 사실이 인정되는 경우가 많다. 그러나 성층권 오존에 관한 지구 규모의 공해 문제에서는 그 진행 과정이 이와는 정반대의 양상을 보이고 있다. 즉, 과학자들이 먼저 중대한 피해가 일어날 가능성을 지적하고, 이어 전 세계 정치인들이 이를 논의하여 피해가 생기기 전에 그것을 예방하려는 것이다. 그 자체는 공해 방지에 대한 올바른 처리법인데, 실제로 방지할 수 있는가 없는가는 일반 시민의 협력 여부에 달려 있다. 이런 의미에서라면 정치가를 비롯해 일반인들도 성층권 오존에 대한 올바른 지식을 갖는 것이 매우 중요하다. '남극의 오존홀을 보았다', '그 아래를 지나면 피부가 타는 느낌이 든다', '오존홀이 확대되어 지구 전체를 덮어 버리면 어떻게 되는가?'와 같은 잘못된 보도나 생각 때문에 과도하게 걱정하는 사람도 있는데, 실제 상황은 어떠한가? 이런 소박한 질문에 답하기 위해서도 좀 더 냉정하게 사태를 다시 살펴볼 필요가 있을 것이다. 성층권 오존 문제에는 아직 밝혀지지 않은 부분도 많아 전문가들 사이에서도 의견이 갈리는 경우가 있다. 이 책은 그런 점까지 포함해 일반인도 이해할 수 있도록 쓴 성층권 오존에 관한 책이다. 텔레비전이나 신문 등에서 보도되는 내용보다 한발 앞선 정보를 알고 싶어 하는 사람들에게 도움이 되기를 바라며 집필했다.

필자는 미국에서 CIAP위원회의 요청을 받아 조사·연구에 협력한 이후 줄곧 성층권 오존 문제에 관여해 왔다. 1979년에 도쿄대학 출판회에서 출판된 필자의 저서 『성층권 오존』을 바탕으로 현재의 논의를 이어가고 있다. 이 책은 최근 내용을 보완해 제2판이 출간되었으나, 대학 이과계 학생 이상을 대상으로 집필되었기 때문에 일반 독자에게는 다소 어렵게 느껴질 수 있다. 시대적 요구도 있어, 일반인도 쉽게 읽을 수 있는 성층권 오존 관련 책을 써 보려던 참에, 마침 문부성(文部省) 우주과학연구소에 1년간 머무를 기회가 주어져 이 책을 집필하게 되었다.

이 책을 통해 독자들이 '성층권'과 '성층권 오존'에 대해 좀 더 정확하고 폭넓은 지식을 갖게 되고, 인간 활동이 성층권 오존을 어떻게 파괴하는지와 그 결과를 올바르게 인식해 그 방지에 협력한다면, 또한 온실효과에 따른 지구 온난화와 같은 다른 지구적 환경 문제들에 대해서도 이해를 넓히고 그 해결에 관심을 기울여 준다면, 필자로서는 더없이 기쁠 것이다.

또한 이 책의 전반부에서는 성층권과 성층권 오존에 관한 기초 지식을 설명했는데, 이는 성층권 오존 문제를 이해하는 데 필수적이다. 그러나 핵심은 후반부에 있으므로, 프롤로그를 읽은 뒤 후반부(특히 11장과 12장)를 먼저 읽고 그다음에 전체를 통독하는 것도 이 책을 읽는 한 방법이라고 생각한다.

시마자키 다쓰오

차례

오존은 왜 문제가 되는가?

성층권과 피카르

미국 신문의 사회 평론란에 '지구 주위에는 눈에 보이지 않지만 우리를 보호해 주고 있는 보존(boson)층이 있다고 한다. 최근 그 층에 구멍(hole)이 뚫리고 닳아 없어지면서 세계 각지에서 이상 기상이나 사회 불안, 나아가 경제 마찰과 같은 까다로운 문제가 차례로 발생해 마침내는 인류가 멸망할지도 모른다는 소동이 일어나려 하고 있다'는 것을 주요 내용으로 하는 기사가 실린 적이 있다. 보존은 물론 오존(ozone)을 뜻하는 것으로, 과장된 표현이긴 하지만 현재 프레온(Freon)과 성층권 오존 문제를 둘러씨고 의심과 불안에 사로잡힌 사람들의 심리와 세태를 잘 보여주는 사례라고 생각된다. 이처럼 성층권이라고 하면 요즘 사람들은 그것을 어딘가 으스스한 것으로 받아들이고 있을지도 모른다.

그러나 성층권이라는 말은 필자가 젊었을 때에는 꿈과 낭만을 떠올리게 하는 단어였다. 전시 중 구제(舊制)고등학교 시절, 스위스 물리학자 오귀스트 피카르(A. Piccard)가 쓴 『성층권으로』라는 책을 읽고 몽상에 빠졌던 기억이 난다. 오늘날 사람들이 우주여행을 동경하는 것과 비슷한 감정이었는지도 모르겠다.

피카르는 1931년에 자신이 제작한 기구(氣球)를 타고 고도 16㎞까지 올라가서 인류 최초로 성층권을 직접 바라본 사람이다. 『성층권으로』라는 그의 책은 기구 제작 과정과 비행 경험을 기록한 것으로, 당시의 나는 훗날 성층권 오존 연구에 종사하게 되리라고는 전혀 상상하지 못했다. 그러나 지금에 와서 생각해 보면 성층권에 대한 동경 같은 것이 마음속 깊은 곳에 숨어 있다가 무의식중에 나를 그 분야의 연구로 이끌었는지도 모른다.

피카르 실험의 주요 목적은 당시 학계를 떠들썩하게 했던 우주선 관측에 있었으며, 성층권 오존에 대해서는 전혀 관심이 쏠리지 않았다. 성층권 오존의 전체가 본격적으로 확인된 것은 제2차 세계대전 이후 로켓을 이용한 상층 대기 관측이 이루어진 뒤의 일이다. 물론 그 이전에도 상층 대기 중에 오존이 존재한다는 사실은 이론적으로 알려져 있었다. 그러나 그 양이 매우 적었고 피카르의 기구도 성층권의 입구에 겨우 도달했을 뿐이었으므로, 당시 실험에서는 기구나 인체에 대한 오존의 영향이 고려되지 않았다.

생명의 수호신, 오존

오존은 지표 부근에 대량으로 생성되면 광화학 스모그의 원인이 되므로 바람직하지 않다. 오존은 0.1ppm(ppm은 100만분의 1의 농도)을 넘으면 여러 해로운 영향이 나타나기 시작하며, 눈을 자극하거나 호흡기에 문제를 일으킬 수도 있다. 5ppm의 오존을 들이마시면 생명에 위험이 생긴다고 하는데, 25㎞ 높이의 성층권에는 15ppm을 넘은 오존이 존재한다. 15ppm이라고 해도 성층권에서는 대기 전체가 매우 희박하기 때문에 실제 오존량은 그다지 많지 않다. 그러나 피카르가 탄 기구가 더 높은 상공까지 올라가 장시간 머물렀다면 인체에 영향을 미쳤을 가능성도 있다. 기구의 선실은 일단 밀폐되어 있었지만, 오존이 침입했을 가능성은 충분히 있었던 것으로 보인다.

성층권 오존이 모두 대류권에 내려와 균일하게 분포한다면 그 농도는 약 0.3ppm 정도가 된다. 만일 오존이 지상 1㎞ 높이까지 가득 찬다면 3ppm 정도가 된다. 이는 인체에 충분히 영향을 줄 수 있는 값이므로, 자연계의 오존 대부분이 성층권에 존재한다는 사실은 우리에게 매우 다행스러운 일이라고 할 수 있다. 아니 그보다도 성층권 오존이 지상의 생명을 보호하는 중대한 역할을 하고 있음이 점차 밝혀지고 있다.

성층권의 오존을 모두 모아 상온·상압(0℃에서 1기압) 상태로 압축하면 두께가 약 3㎜ 정도에 불과하다. 대기 전체를 마찬가지로 하면 수 킬로미터가 되므로 오존은 전체 대기의 100만분의 1 이하로 아주 소량에 지나지 않는다. 그러나 오존은 320㎚(㎚는 길이 단위로 10^{-7}㎝)보다 짧은 파장의 자외선을 강하게 흡수하기 때문에, 태양 자외선 중 이 짧은 파장의 빛이 지상에 전혀 도달하지 못하도록 막아 주고 있다.

만일 상공에 오존이 없었다면 아주 하등한 생물이라도 이 지표에서 생존할 수 없다. 왜냐하면 해로운 태양 자외선이 모두 지표에 도달해 세포의 염색체를 파괴하고, 그 결과 증식(增殖)할 수 없게 되기 때문이다. 적당한 파장의 자외선을 적당히 쬐는 것은 비타민 D의 생성 등 생체에 이로운 점도 있지만, 과도하게 쬐면 화상을 입는 등 해가 있다. 또한 280㎚에서 320㎚인 중파장 자외선(UVB: Ultraviolet Beam이라고 한다)에 과도하게 노출되면 피부암이나 백내장이 많이 생기는 등의 악영향도 생긴다. 자연은 오존층을 통해 이러한 해로운 파장의 자외선을 흡수해 우리를 보호해 주고 있다.

오존이 태양 자외선을 흡수하면 성층권이 가열되기 때문에, 이는 성층권 대기의 대순환을 일으키는 원동력이 된다. 근년에 들어 대류권의 여러 기상 현상이 성층권을 포함한 상층 대기의 변화와 밀접하게 관련되어 있다는 사실이 점차 밝혀지고 있다. 따라서 오존층 변화는 대기 대순환을 변화시켜 세계 기후에 중대한 영향을 미칠 가능성이 있다. 기후 변동은 농업 생산 등에 큰 영향을 주므로, 식량 문제와도 깊게 연관되며, 이 또한 인류 생존에 매우 중요한 문제이다.

인간 활동과 오존

이런 일들로 미루어 볼 때, 성층권 오존의 변화, 특히 그 감소가 인류를 비롯한 지표상의 모든 생물에게 얼마나 중대한 영향을 미치는지 짐작할 수 있을 것이다. 실제로 오늘날에는 성층권 오존의 감소가 프레온가스에 의해 일어나고 있다는 점이 활발히 논의되고 있다.

프레온을 사용한 에어로졸 분사기의 규제에 대해 미국 의회에서는 베트남 전쟁 이래 일반 시민들로부터 가장 많은 편지를 받았다고 한다. 또한 미국인의 관심의 깊이를 나타내는 한 사례로, 1975년쯤 방영된 텔레비전 홈드라마(All in the family)에 다음과 같은 장면이 나와 놀란 일이 있

그림 1 "우린 아이를 몇 명이나 가지면 좋을까요?" "이것을 한 번 쉭쉭 뿌릴 때마다 성층권 오존이 줄어든대. 이런 위험한 세상에서 아이를 낳는 건 무책임한 일이야." 미국 텔레비전 홈 드라마(All in the family)의 한 장면(1975년경 방영)

다. 젊은 부부가 아이를 몇 명이나 갖고 싶은지 이야기하던 중, 남편이 옆에 있던 프레온 분사기를 집어 들며 "이것을 한 번 쉭쉭 뿌릴 때마다 성층권 오존이 줄어든대. 이런 위험한 세상에서 아이를 낳는 건 무책임한 일이야"라고 외치고 있었다〈그림 1〉.

일본에서도 최근 들어 프레온 문제가 일반인들의 관심을 끌기 시작하면서, 〈그림 2〉와 같이 프레온이 들어 있는 에어로졸 분사기 사용을 비판하는 내용이 신문 만화에도 등장하게 되었다.

인간 활동으로 인해 발생하는 아주 적은 화학 성분이 성층권 오존을 감소시킨다는 것이 미국에서 처음 문제로 제기된 것은 1970년대 초였다. 당시 보잉(Boeing)사가 개발하려 하던 성층권 초음속기(SST)에서 배출되

그림 2 「시대는 되돌아가는가? 장래는?」, 『아사히(朝日)신문』, 1989년 3월 5일 · 3월 13일

는 질소 산화물이 문제가 되었다. 필자는 이 SST문제를 조사·연구하기 위해 설립된 CIAP(Climatic Impact Assessment Program)위원회에 참여한 이후, 성층권 오존 문제가 염소 산화물에서 프레온가스로 발전해 가는 과정을 내 자신의 연구를 포함해 학회와 위원회의 활동을 통해 빠짐없이 체험해 왔다. 이러한 체험을 바탕으로 문제의 시작과 그 발전 과정을 설명함과 동시에 성층권 오존의 물리적·화학적 과정, 프레온 문제, 남극 오존홀 문제 등을 매우 쉽게 해설해 보려고 한다.

1장

지구를 둘러싸는 대기는
어떻게 이루어져 있는가?

1. 대류권과 성층권

성층권의 발견

지구를 둘러싸고 있는 공기 전체를 대기(大氣)라고 한다. 대기의 약 75%는 대류권에, 약 25%는 성층권에 존재하며, 성층권보다 위쪽에는 겨우 0.02%만이 분포해 있다. 그렇다면 왜 대기는 이처럼 대류권과 성층권으로 나누어져 있을까?

지표 부근의 기압은 고기압이나 저기압이 있는 장소에서는 다소 높아졌다가 낮아지기도 하지만, 대체로 대부분의 지역에서 거의 1기압(약 1013.25mb)에 가깝다. 그런데 높은 산에 올라가 보면 알 수 있듯이, 기압은 위로 갈수록 낮아져 공기는 점점 희박해진다. 예를 들어 해발 8㎞가 넘는 히말라야산 정상 부근의 기압은 약 300mb 정도로 떨어지므로, 등산자는 산소 봄베를 사용하지 않으면 충분히 호흡할 수 없다.

산 위에서는 기압이 낮을 뿐 아니라 기온도 낮다는 사실이 잘 알려져 있다. 이는 지표에서 흡수된 태양열이 다시 복사되어 공기를 데우고, 그로 인해 대류나 난류가 발생해 공기가 상하로 운동하기 때문이다. 공기 덩어리가 기압이 높은 아래층에서 기압이 낮은 위층으로 이동할 때에는 단열 팽창(斷熱膨脹)이 일어나 외부에 일을 하게 되고, 그만큼 내부 에너지가 감소해 온도가 내려간다. 반대로 공기 덩어리가 아래로 내려올 때에는 단열 압축(斷熱壓縮)이 일어나 온도가 상승한다. 이러한 공기의 상하 운동으로 인해, 상층은 냉각되고 하층은 가열되며, 그 결과 잘 뒤섞인 대기에서는 위로 갈수록 온도가 감소하는 현상이 나타난다.

열역학의 제1법칙으로 계산하면 온도가 감소하는 비율(기온 체감률이라고 한다)은 1㎞ 오를 때마다 약 9.8℃가 된다. 여기에 수증기가 응결할 때 나오는 응결열의 영향을 더하면 기온의 체감률은 1㎞당 약 6.5℃쯤이 되어 관측값과 잘 일치한다.

만일 이 기온 체감률이 대기 전체에 걸쳐 그대로 유지된다고 가정하면, 해면 온도는 약 288K(K는 절대온도를 나타내며 섭씨온도에 약 273℃를 더한 값과 같다)이므로, 거의 44.3㎞의 높이에서 기온이 절대 영도에 도달하게 된다. 그러나 실제 대기의 현상들은 훨씬 더 높은 곳에서 일어난다. 예를 들어 유성이 대기 속으로 침입하여 대기 분자를 이온화해 생기는 유성운(流星雲)은 80㎞보다 위에서 관측된다. 또한 여름철 고위도에서 80㎞ 높이에 나타나는 야광운(夜光雲)의 존재는 그 높이에서도 수증기가 존재함을 보여준다.

대기가 45㎞보다 높은 고도까지 존재한다는 사실은, 지구 상층이 고온이고, 대기가 위쪽으로 팽창하고 있음을 의미한다. 이를 확인하려고 프랑스의 기상학자 티스랑 드보르(Teisserence de Bort)는 기구를 띄워 기온 변화를 관측했다. 그 결과, 기온 체감은 11㎞ 부근에서 멎고 그보다 위에서는 온도가 거의 일정하게 유지되는 구간이 있음을 발견했다. 이처럼 기구에 실린 관측 장비를 통해 성층권이 처음 발견되었고, 이후 스위스의 물리학자 피카르는 1931년에 자신이 만든 대형 기구를 타고 인류 최초로 성층권에 진입해 직접 온도를 측정한 결과, 동일한 사실을 확인했다.

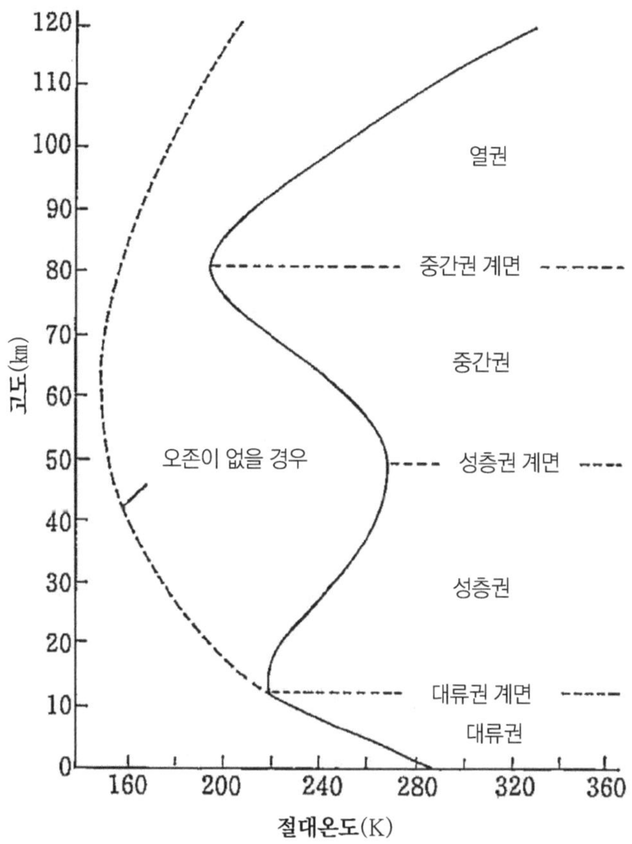

그림 3 평균 기온의 고도 분포와 대기 각 영역의 이름. 파선은 오존층이 없을 때 예상되는 기온 분포를 나타낸다.

실제로 대기의 평균 기온이 고도에 따라 어떻게 분포하는지는 〈그림 3〉의 실선과 같다. 11km까지의 대기에서는 상하 대류 운동으로 인해 기온이 높이에 따라 감소하며, 이 영역을 대류권(對流圈)이라 부른다. 구름의 발생이나 고·저기압의 발달 등 각종 기상 현상은 모두 이 대류권에서 일어난다. 한편 11㎞에서 50㎞까지의 영역에서는 오존이 태양 자외선을 흡수하면서 대기가 데워지기 때문에 기온이 다시 상승한다. 이 영역에서는 더운 공기가 찬 공기 위에 얹혀 있기 때문에 대기는 열적(熱的)으로 안정하며, 층을 이루고 있어 성층권(成層圈)이라고 부른다. 실제로 성층권에서는 기온이 상승하지만, 11㎞를 지나도 잠시 동안은 기온이 상승하지 않고 등온(等溫) 상태가 계속되는 일이 있다. 성층권이 처음 관측되었을 때는 이러한 이유로 성층권이 등온층이라고 생각되었다. 지금도 중국에서는 성층권을 등온권(等溫圈) 또는 동온권(同溫圈)이라고 부른다. 만일 성층권에 오존이 없다면 온도 분포는 〈그림 3〉의 파선과 같을 것이며, 실선으로 나타난 실제 관측값과의 차이를 보면 성층권이 오존에 의해 얼마나 가열되고 있는지를 알 수 있다.

기온이 감소하다가 다시 증가로 바뀌는 높이는 대류권과 성층권의 경계로, 이를 대류권 계면(對流圈界面)이라고 부른다. 대류권 계면의 높이는 위도에 따라 달라지는데, 위도 30° 이하의 저위도에서는 약 16㎞, 고위도에서는 약 8㎞이며, 전체 평균은 약 11㎞ 정도이다. 〈그림 4〉에는 자오면(위도와 고도를 포함하는 면) 내의 온도 분포가 나타나 있다. 사선으로 표시된 대류권 계면 위치는 중위도인 30° 부근에서 불연속적으로 변하고 있음을 알 수 있다. 이 중위도에서 드러나는 계면의 끊어진 부분을 대류권 계면의 틈이라고 부른다.

성층권 내부에서도 위쪽 영역과 아래쪽 영역은 성질이 상당히 다르기 때문에, 35㎞ 이상을 상부 성층권, 25㎞ 이하를 하부 성층권, 그 중간을 중부 성층권이라고 구분해 부르는 것이 편리하다. 다만 이러한 구분은 편의상의 분류일 뿐, 각 영역의 경계가 엄밀하게 정해져 있는 것은 아니다.

2. 성층권보다 위의 대기
중층 대기란 무엇인가?

성층권 위에도 소량이지만 대기가 있다는 것은 확실하다.

예를 들어 극지(極地)에서 나타나는 오로라(aurora)는 보통 100㎞보다 높은 곳에서 관측된다. 단파(短波)의 장거리 전파에 중요한 역할을 하는 이온층(ion層: 電離層)도 100㎞에서 수백 킬로미터 높이에서 생성된다. 이들 현상은 지구 밖에서 침입해 오는 태양 자외선이나 전하(電荷)를 띤 입자가 대기 분자(또는 원자)와 상호작용하기 때문에 생기는 것이므로, 이러한 현상이 나타난다는 것은 대기가 매우 높은 곳까지 존재한다는 것을 말해주고 있다.

성층권은 약 50㎞의 성층권 계면에서 끝나며, 그 위에서는 오존이 줄어들기 때문에 가열이 감소해 온도가 다시 하강한다.

다시 80㎞보다 위로 올라가면 이번에는 산소 분자가 태양 자외선을 흡수하기 때문에 온도가 다시 상승한다. 이 영역을 열권(熱圈)이라고 부르며, 최종적으로는 1,000K 이상의 고온에 이른다. 성층권 계면으로부터 온도가 가장 낮아지는 80㎞ 부근까지를 중간권(中間圈)이라고 하며, 중간권과 열권의 경계에서 기온이 가장 낮아지는 지점이 중간권 계면이라고

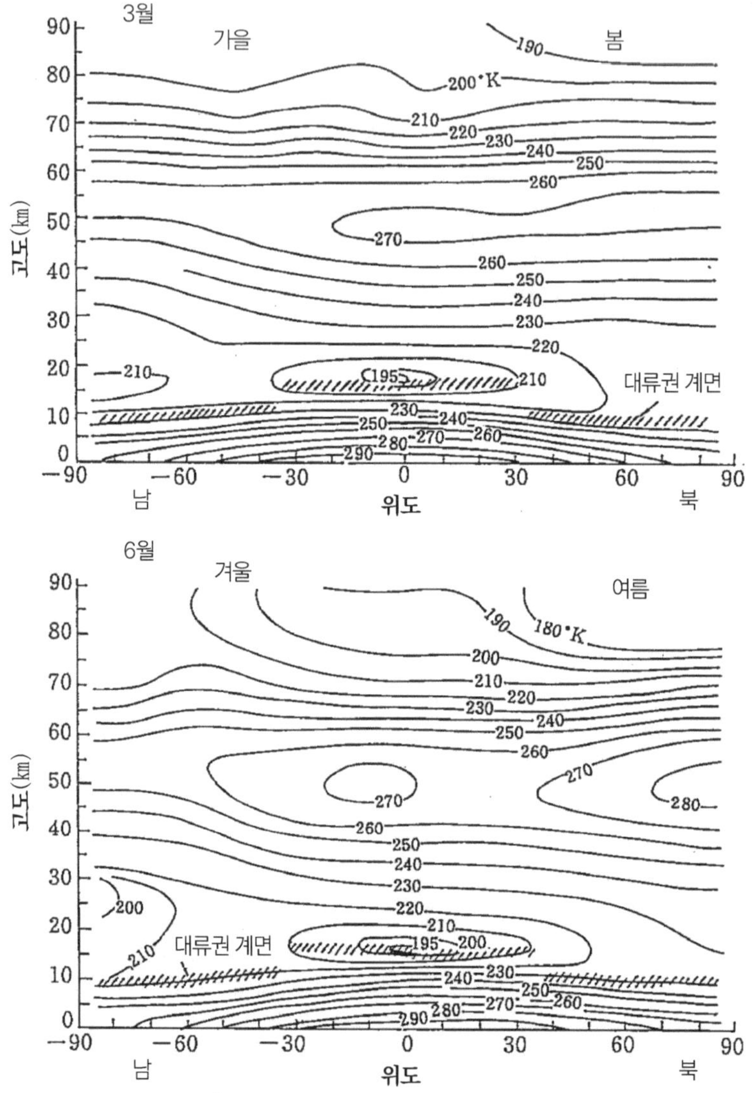

그림 4 평균 기온의 위도·고도에 따른 분포. 사선은 대류권 계면을 나타내며, 중위도에서 계면의 균열이 나타난다.

한다. 오존 문제가 대두된 이후에는 성층권과 중간권을 합쳐 중층 대기(中層大氣)라고 부르게 되었다. 그전까지 기상학에서는 대기를 대류권을 중심으로 한 하층 대기와 그 위의 상층 대기의 두 가지로 분류하고 있었다.

오존은 주로 성층권에 있지만 중간권에도 존재하며, 실제로 이른바 오존 문제가 대두되기 전인 1960년대 후반까지는 중간권에서 관측되는 오존이 그 부근의 여러 분자·원자와 일으키는 상호작용 연구에 많은 학자가 흥미를 가지고 있었다. 이 책에서는 물론 성층권 오존이 문제이지만, 성층권 대기는 아래의 대류권과 위의 중간권과도 연관되어 있으므로 인접 영여과이 상호자용도 무시할 수 없다.

3. 지구의 대기는 어떻게 생겼는가?
대기를 구성하는 분자와 원자

지구는 태양이나 다른 행성과 같은 시기, 즉 약 46억 년 전에 원시 태양 성운(原始太陽星雲)을 이루던 가스와 먼지가 응집해 형성되었다. 그러나 그때 생긴 대기 성분은 고온으로 인해 입자의 자유 속도가 커져 우주 공간으로 날아가거나 강대한 태양풍에 날려 거의 대부분이 사라진 것으로 생각된다. 그 뒤의 지구 대기는 주로 지하에서 분출된 화산 가스로 이루어졌으며, 그 주성분은 이산화탄소(CO_2), 질소 분자(N_2), 수소 분자(H_2)와 수증기(H_2O)였다. 그 밖에도 메탄(CH_4), 암모니아(NH_3), 황화수소(H_2S), 일산화탄소(CO), 염화수소(HCl) 등이 함유되어 있었다. 이 가운데 수소 가스는 매우 가벼워 우주 공간으로 빠져나갔고, 수증기는 온도가 내려감에 따라 액화해 땅속으로 스며 나온 물과 함께 해양을 형성했으며, 그 속에는 이산화탄소가 많이 녹아들었다. 바다가 없는 화성(火星)이나 금성(金星)에서는 대기의 대부분이 이산화탄소로 이루어져 있다. 한편 지구 대기에서는 식물의 광합성(光合成)에 의해 이산화탄소와 수증기에서 태양 광선의 작용으로 다량의 산소 분자(O_2)가 생성되었다.

현재 지구 대기의 지표 부근 성분은 〈표 1〉에 나타난 것과 같으며, 질소 분자(N_2)와 산소 분자(O_2)가 주요 성분으로 각각 4분의 3, 4분의 1을 차지한다. 그 밖에는 아르곤(Ar), 이산화탄소(CO_2), 수증기(H_2O) 등이 있는데, 수증기의 양은 때와 장소에 따라 크게 변동된다.

〈표 1〉에서 분자량이라고 하는 것은 그 분자 또는 원자 1개의 무게를 산소 원자(O)의 무게를 16으로 하여 잰 값이며, 크립톤의 83.7에서 수소 분자의 2까지 각 분자 또는 원자(다음부터는 단지 분자라고 한다) 사이에는 상당한 차이가 있다. 각 분자는 중력 작용을 받기 때문에 무거운 분자는 아래에, 가벼운 분자는 위에 많이 존재할 것처럼 보이지만, 실제로는 110㎞보다 낮은 높이에서는 〈표 1〉에 있는 성분비가 거의 변하지 않는다. 이는 대기를 뒤섞는 맴돌이에 의한 혼합 작용이 그 높이까지 유효하게 작용하고 있기 때문이다.

'맴돌이에 의한 혼합'이라는 것은 앞에서 말한 '대류'와는 달리 더 소규모의 맴돌이 형태로 '난류'에 의한 운동을 말한다. 이러한 난류가 상층 대기 중에 있다는 것은 유성이 대기에 돌입할 때 생기는 길쭉한 유성운(流

성분	분자식	분자량	존재비율(%)	
			용적비	중량비
질소 분자	N_2	28.01	78.088	75.527
산소 분자	O_2	32.00	20.949	23.143
아르곤	Ar	39.94	0.93	1.282
이산화탄소	CO_2	44.01	0.03	0.0456
일산화탄소	CO	28.01	1×10^{-5}	1×10^{-5}
네온	Ne	20.18	1.8×10^{-3}	1.25×10^{-3}
헬륨	He	4.00	5.24×10^{-4}	7.24×10^{-5}
메탄	CH_4	16.05	1.4×10^{-4}	7.25×10^{-4}
크립톤	Kr	83.7	1.14×10^{-4}	3.30×10^{-4}
일산화이질소	N_2O	44.02	5×10^{-5}	7.6×10^{-5}
수소 분자	H_2	2.02	5×10^{-6}	3.48×10^{-5}
오존	O_3	48.0	2×10^{-6}	3×10^{-6}
수증기	H_2O	18.02	부정(0.1-1.0)	부정

표 1 지면 부근의 대기 조성

星雲)에 맴돌이 모양의 흐트러짐이 나타나는 것에서도 알 수 있다. 상층 대기에서 난류가 생기는 원인은 대기의 조석(潮汐)이나 히말라야 등과 같은 지형, 또는 큰 고·저기압 분포 때문에 생긴다.

지구를 둘러싸는 매우 긴 파장을 가진 지구 규모의 파동(행성 파동)이

상층으로 전파되기 때문이라고 생각된다. 또한 지구 대기의 조석은 바다 조석과는 달리, 달의 인력보다는 태양의 열적 작용에 의한 주기 운동이 더 큰 원인이 된다.

혼합 작용이 유효하게 작용하는 약 110㎞ 이하의 영역을 난권(亂圈)이라고 하며, 그보다 위 영역에서는 중력에 의한 분리가 이루어져 가벼운 원자(이 높이에서는 분자는 해리되어 원자가 될 비율이 크다)가 많아진다. 실제로 180㎞보다 위에서는 산소 분자가, 600㎞보다 위에서는 헬륨(He)이나 수소(H) 따위의 가벼운 원자가 더 많아진다.

4. 미량 성분은 어떻게 분포되어 있는가?
광화학 평형과 수송의 영향

대기의 중요 성분인 질소 분자나 산소 분자 이외의 분자를 미량 성분(微量成分)이라고 부른다.

성층권 오존과 그와 관련된 여러 미량 성분의 100㎞까지의 분포를 〈그림 5〉에 보였다. 그림에서 이산화탄소(CO_2), 메탄(CH_4), 일산화이질소[(N_2O), 속되게 소기(笑氣)라고 하며 마시면 웃음이 난다] 등의 농도는 지표면에서부터 높이가 증가함에 따라 대체로 균일하게 감소하고 있으며, 그 감소 비율(곡선의 기울기)은 주성분인 질소 분자와 거의 같다. 이는 이러한 분자들의 주성분 대비 비율(혼합비)이 어느 높이에서도 거의 일정하다는 것을 의미한다.

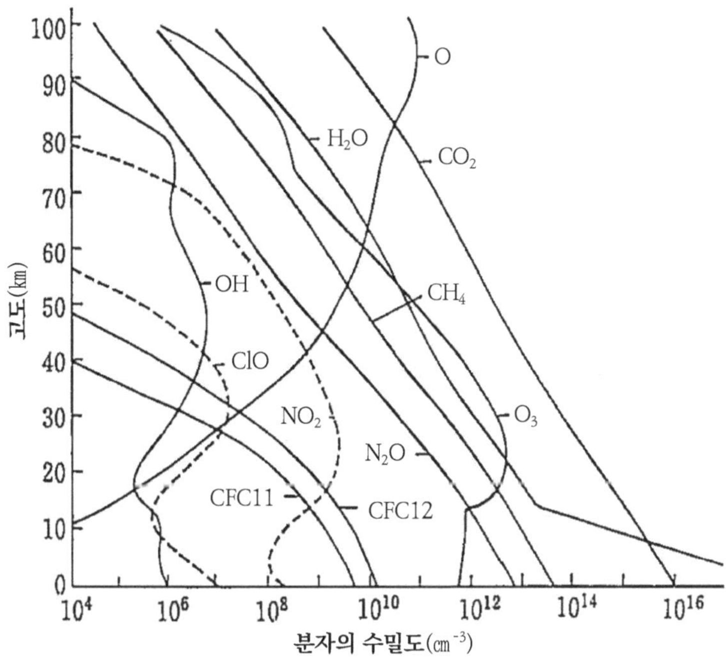

그림 5 미량 성분의 고도 분포

이들 분자는 지면 부근에서 발생하며 광화학 반응이 느리기 때문에, 반응이 일어나기 전에 혼합 작용이 유효하게 작용해 충분히 뒤섞인 결과 혼합비가 어디에서나 일정하게 된다. 또한 프레온(CFC11과 CFC12) 곡선 이 CO_2 따위에 비해 높은 곳에서 갑자기 감소가 심해지는 것은 성층권에 서 태양 자외선에 의해 분해되어 소멸되고 있음을 보여준다.

〈그림 5〉에서 오존(O_3), 이산화질소(NO_2), 일산화수소(OH), 일산화염

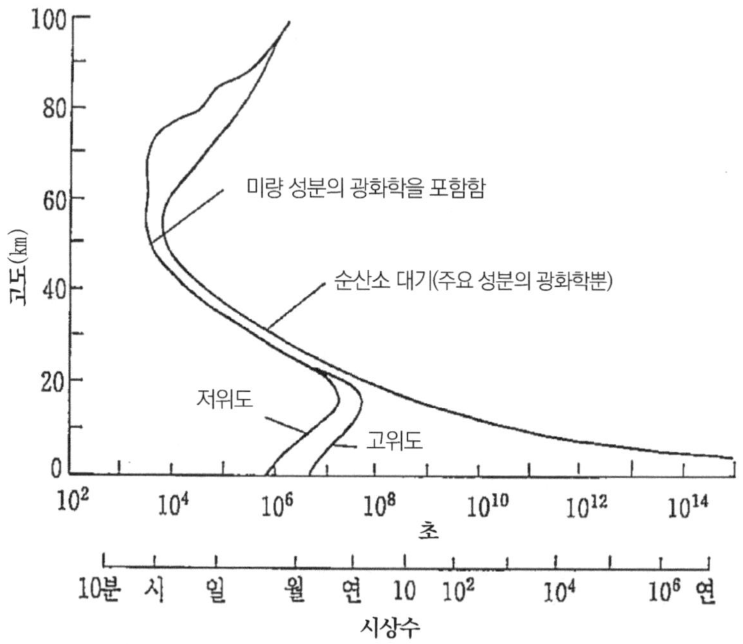

그림 6 광화학 반응에 의한 오존 변화의 시상수

소(ClO) 등의 분포는 성층권에서 밀도가 높아져 있다. 이들 분자는 성층권에서 생성되고, 더욱이 광화학적으로 활발하므로 혼합 작용에 의해 뒤섞이기보다 먼저 광화학 반응으로 그 밀도가 결정된다. 따라서 혼합비가 일정한 분포를 이루지 않는다.

일반적으로 광화학 반응으로 다른 분자로 변하는 속도가 빠를 때는 그 분자 밀도는 그 반응이 일어나는 장소에서의 생성률과 소멸률이 균형을 이루는 광화학 평형 조건으로 결정된다. 오존이 광화학 반응으로 변할 때의 시간 척도(시상수)는 〈그림 6〉에 나타내었다. '순산소 대기'라고 표시된 곡선에서 볼 수 있듯이 상부 성층권에서는 시상수가 '1일 이하'에서 '시간' 정도로 짧기 때문에 오존 밀도는 광화학 평형의 조건으로 결정된다. 〈그림 6〉의 왼쪽 곡선은 주요 성분에 다른 미량 성분의 화학이 더해진 경우이며, 일반적으로 미량 성분이 포함되면 화학 반응이 빨라져 시상수가 작아진다. 고위도와 저위도의 차이는 수증기의 양이 다르기 때문에 생긴다.

이에 비해 반응 속도가 느린 분자는 생성된 이후 소멸될 때까지의 긴 시간 동안 운동에 의해 멀리 운반되므로, 그 밀도는 국지적인 화학 평형만으로는 결정되지 않는다. 이러한 경우에는 운동 효과가 밀도 결정에 중요한 작용을 한다.

같은 분자라도 높이에 따라 화학 반응이 중요해졌다가, 또는 운동 영향이 더 중요해지기도 한다. 예를 들어 앞에서 말한 것처럼 상부 성층권의 오존 밀도는 광화학 반응으로 결정되지만, 하부 성층권이나 대류권에서는 오존의 반응 속도가 매우 느려지므로 운동 효과가 더 크게 작용한다.

〈그림 6〉에서 볼 수 있듯이, 20㎞ 부근에서 오존의 광화학 반응에 의한 시상수는 거의 1년이며, 그보다 아래에서는 미량 성분의 영향을 포함하더라도 시상수가 몇 년에 이를 정도로 길어진다. 이 때문에 이 영역에서 오존 밀도 결정에는 운동 효과가 중요한 역할을 한다.

2장

성층권 오존은 어떻게 발견되었는가?

1. 태양 광선의 스펙트럼

태양 광선은 무지개의 빛깔에서 볼 수 있듯이 여러 가지 파장의 빛(전자기파)으로 이루어져 있다. 그중에는 가시광선뿐만 아니라 X선이나 자외선처럼 파장이 짧은 것에서부터 적외선이나 전파처럼 파장이 긴 것까지 포함되어 있다. 〈표 2〉에 여러 가지 전자기파와 그 파장 영역을 보였다.

빛의 복사 세기를 파장의 함수로 나타낸 것을 스펙트럼이라고 하는데, 태양에서 지구 상층 대기에 도달하는 빛의 스펙트럼은 〈그림 7〉의 '대기 밖의 관측'이라고 표시된 곡선과 같이 모든 파장의 빛을 포함한다

그런데 지면 부근에서 관측되는 태양빛의 스펙트럼에는 '지상 관측'이라는 곡선과 같이 300m 부근보다 짧은 파장을 가진 자외선은 볼 수 없다. '정말 태양빛 속에는 그런 파장을 가진 자외선이 존재하지 않은가 어떤가' 하는 것은 오랫동안 과학자들 사이의 의문이었다. 현재로는 그들 자외선은 성층권 오존에 흡수되기 때문에 지상에 도달하지 않는다는 것이 밝혀졌는데, 그러한 오존층 발견의 역사를 다음에 얘기하겠다.

2. 오존은 자외선을 흡수한다

오존은 3개의 산소 원자로 이루어진 활성이 강하고 푸른빛을 띠는 기체로서, 대기 중에서 불꽃 방전이 일어날 때 생성되며 강한 냄새가 나는 기체로 1785년경부터 알려져 있었다. 1840년에 새로운 분자로 확인되었고,

복사의 이름	(cm) 파장 영역	여러 가지 단위
감마선	$<10^{-8}$	$<1\text{Å}$
X선	$10^{-8}-10^{-6}$	$1-100\text{Å}$
극자외선(EUV)	$10^{-7}-10^{-5}$	$10-1000\text{Å}$
자외선(UV)	$10^{-6}-3.8\times10^{-5}$	$10-380\text{nm}$
가시 광선	$3.8\times10^{-5}-8.1\times10^{-5}$	$380-810\text{nm}$
근적외선	$8.1\times10^{-5}-10^{-4}$	$0.81-1\mu\text{m}$
적외선(IR)	$10^{-4}-2\times10^{-3}$	$1-20\mu\text{m}$
원적외선	$2\times10^{-3}-10^{-2}$	$0.02-0.1\text{mm}$
마이크로파	$10^{-2}-10^{3}$	$0.1\text{mm}-10\text{m}$
전파	$>10^{3}$	$>10\text{m}$

Å(옹스트롬) = 10^{-8}cm,　nm(나노미터) = 10^{-7}cm,　μm(마이크로미터) = 10^{-4}cm,
mm(밀리미터)-10^{-1}cm,　m(미터) = 10^{2}cm

표 2 전자기파의 이름과 파장 영역

그리스어로 '냄새(odor)'를 뜻하는 ozein에 따라 ozone(오존)이라는 이름
이 붙여졌다.

그리고 1874년에 브로디(B. Brodie)에 의해 O_3이라는 분자 구조가 밝
혀졌다. 오존이 여러 가지 파장의 빛을 흡수한다는 사실은 많은 연구자의
실험을 통해 차츰 알려지게 되었다.

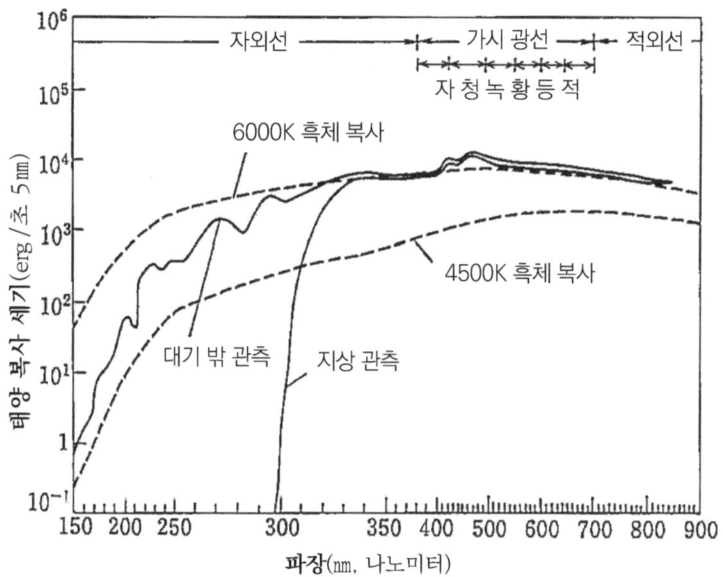

그림 7 지상과 대기 밖에서 관측된 태양 광선의 스펙트럼 비교.
6000K 및 4500K의 흑체 복사도 나타나 있음.

처음으로 프랑스의 물리학자 샤퓌(Chappuis)는 1880년에 450nm에서 800nm 사이의 가시광선이 오존에 의해 흡수된다는 사실을 발견했다. 그 직후인 1881년에는 아일랜드의 화학자 하틀리(Hartley)가 파장 300nm보다 짧은 자외선이 오존에 강하게 흡수된다는 것을 밝혀냈다. 이어서 영국의 천문학자 허긴스(Huggins)는 1896년에 시리우스(Sirius)별에서 오는 빛의 분광 사진으로 300nm에서 340nm에 걸쳐서도 오존의 흡수가 있음을 발견했다. 이처럼 여러 나라의 연구자들과 전문 분야가 서로 다른 과학자들이 앞다투어 오존의 띠흡수(특정한 파장 영역에서의 흡수) 발견에 관여했다는 사실은 최근 오존층 연구에서 나타나는 국제적이며 학제적(學際的) 경향을 암시하는 듯하여 흥미롭다.

오존의 띠흡수는 〈그림 8〉에 보인 것처럼 각 발견자의 이름을 붙여 샤퓌 띠흡수, 하틀리 띠흡수, 허긴스 띠흡수 등으로 부른다. 〈그림 8〉에는 각 띠흡수의 흡수 세기를 나타내는 흡수 단면적의 스펙트럼을 나타냈다. 분자의 흡수 단면적은 빛이 그 분자층을 어느 정도 깊이까지 통과할 수 있는지를 결정하는 중요한 양이며, 통과한 분자 총량에 흡수 단면적을 곱한 값(광학적 깊이라고 부른다)이 1이 되는 지점까지 빛은 대부분 흡수된다. 따라서 그 아래의 높이에서는 빛의 세기가 갑자기 감소하므로 그 파장을 가진 빛은 사실상 그 지점까지밖에 통과하지 못한다. 이 높이를 그 파장을 가진 빛의 침입 고도(侵入高度)라고 부르기로 하자.

〈그림 8〉의 위쪽 끝 가로축에는 각 파장의 태양 광선이 대기에 수직으로 입사했을 때의 침입 고도가 나타나 있다. 예를 들어 오존의 띠흡수 중 260㎚ 부근에서 흡수 단면적의 극대를 보이는 하틀리 띠흡수의 흡수 단면적은 특히 크다. 이 그림에서 300㎚ 부근의 자외선은 약 30㎞ 이하로는 들어가지 못한다는 것을 알 수 있다.

〈그림 8〉에는 또한 산소 분자(O_2)의 흡수 단면적도 보였다. 산소 분자의 흡수는 100㎞보다 위의 열권에서 일어나는 슈만-룽게 연속 흡수가 특히 강해서 열권이 고온이 되는 원인이 되고 있다. 성층권에서의 산소 분자 흡수는 주로 200㎚에서 240㎚의 파장을 가진 헤르츠베르크(Herzberg)

띠흡수에서 일어나며 그 높이는 35km보다 위이다.

헤르츠베르크 띠흡수의 흡수 단면적은 $10^{-24}\,cm^2$정도로 아주 작지만 대기 중에는 산소 분자가 많으므로 35km보다 위에서의 산소 분자량이 마침 $10^{24}\,cm^{-2}$쯤 되어 광학적 깊이가 1이 된다. 그러므로 산수 분자는 35km보다 위의 성층권에서 헤르츠베르크 띠흡수에 의해 두 개의 산소 원자(O)로 분

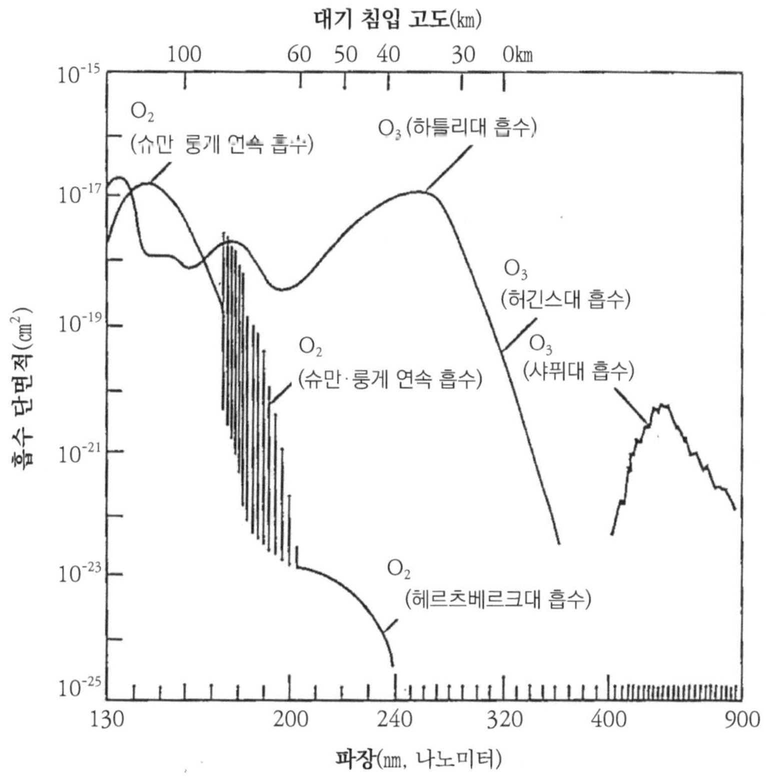

그림 8 오존(O_3)과 산소 분자(O_2)의 흡수 단면적 스펙트럼

해되어 많은 산소 원자가 만들어진다.

이 산소 원자로부터 오존이 생성되는데 이에 대해서는 다음 장에서 자세히 설명하겠다.

3. 오존층과 하틀리의 예언

하틀리는 실내 실험으로 240㎚에서 300㎚ 사이의 자외선이 오존에 강하게 흡수된다는 것을 발견했다. 한편, 지상에서 관측되는 태양빛에 파장 300㎚보다 짧은 자외선이 나타나지 않는 점에 주목해, 그는 이 사라진 자외선이 대기 상공에 있는 오존에 흡수되어 지상에 도달하지 않는다고 생각했다. 그리고 대기 상공에는 많은 오존이 틀림없이 있다고 오존층의 존재를 예언했다.

하틀리가 대기 상층에 오존층이 있다고 예언한 것은 1881년의 일이었다. 이는 티스랑 드보르가 온도 분포 측정을 통해 성층권을 발견한 1902년보다 20여 년 앞선 것이다. 상층 대기 중에 오존이 생성된다는 사실은 영국(이후 미국으로 이주)의 물리학자 시드니 채프먼(S. Chapman)이 생각해 냈고, 1930년에 파리의 국제회의에서 발표되었다.

채프먼의 이론에 대해서는 다음 장에서 얘기하겠지만, 그 이론과 하틀리의 예언이 더해져 성층권에 오존이 존재한다는 것은 당시 학자 사이에서는 이미 상식이 되어 있었다. 그러나 그 실재가 상층에서의 태양 스펙트럼 관측으로 확인되기까지는 채프먼 이론 이후로도 10여 년, 하틀리의 예언에서 헤아리면 실로 60년 남짓한 세월이 필요했다.

4. 로켓 관측에 의한 증명

하틀리의 예언이 옳다면 빛 따위의 전자기파를 스펙트럼으로 나눠 조사하는 분광계(分光計)를 기구에 싣고 상공에서 태양빛의 스펙트럼을 측정하면, 지상에서는 보이지 않던 300㎚ 이하의 자외선을 볼 수 있을 것이었다. 이러한 기대를 가지고 기구에 의한 실험이 여러 차례 반복되었지만, 좀처럼 그와 같은 단파장의 자외선을 태양빛 속에서 찾아내는 데는 성공하지 못했다. 지금 와서 생각해 보면, 당시 기구가 도달할 수 있는 고도가 충분히 높지 않았던 것이 그 원인이었다. 1940년대 후반에 이르러 로켓을 이용해 관측 장비를 30㎞보다 높은 곳까지 올려 태양빛을 관측할 수 있게 되자 비로소 그 문제가 해결되었다.

〈그림 9〉는 로켓을 사용해 대기 중 여러 고도에서 측정한 태양빛의 스펙트럼을 나타낸 것이다. 고도가 높아질수록, 특히 30㎞보다 위에서는 사진에 찍히는 파장 영역이 넓어지고 55㎞에 이르면 240㎚ 이하의 파장까지 관측된다는 것을 알 수 있다.

제2차 세계대전이 끝난 지 얼마 되지 않아, 이러한 스펙트럼 사진을 로켓으로 촬영할 수 있게 된 것은 당시 많은 과학자를 흥분시키기에 충분한 사건이었다. 이로써 지구 상공의 대기 중에 오존층이 있다는 사실이 명확히 증명되었다.

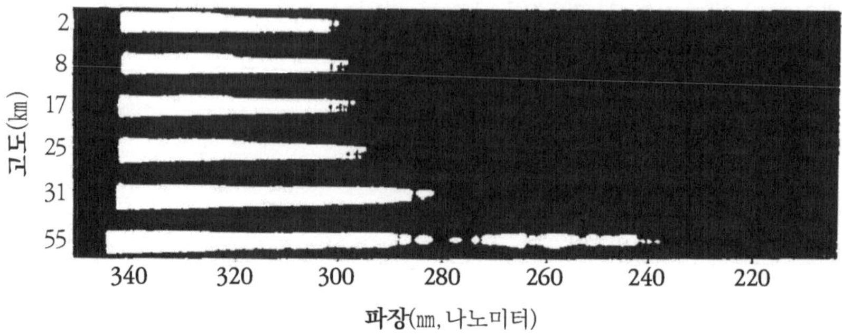

그림 9 로켓에 의해 여러 고도에서 측정된 태양 광선의 스펙트럼 사진(1946년)

로켓 관측으로 오존층의 존재가 확인되었을 때, 물론 하틀리는 이미 세상에 없었지만, 만일 그가 생존해 있었다면 틀림없이 노벨상을 받았을 것이다. 한편 100km보다 위의 대기 중에 존재하는 이온층을 1925년에 발견한 공적을 인정받아 영국의 애플턴(E. Appleton)은 1947년에 노벨상을 받고 '서(Sir)'의 칭호를 얻었다.

3장

성층권 오존층은 어떻게 생기는가?

1. 채프먼의 오존층 생성론

순산소 대기의 이론

1932년에 영국의 채프먼은 산소만으로 이루어진 대기(순산소 대기)에서 오존이 생성되는 과정을 이론적으로 정리해 그에 관한 논문을 발표했다.

그 논문에 따르면 대기 중에는 많은 산소 분자가 있는데, 성층권에서 이 산소 분자가 태양 자외선을 흡수해 두 개의 산소 분자로 분해된다. 일반적으로 분자가 그 구성 요소인 원자나 분자로 분해되는 작용을 해리(解離)라고 한다.

빛에너지에 의해 해리가 일어나는 경우를 광해리(光解離)라고 한다. 산소 분자가 해리되어 두 개의 산소 원자로 분리되기 위해서는 5.12eV 이상의 에너지가 필요하다. 태양 광선 중에서 이러한 에너지를 가진 것은 240nm보다 짧은 파장의 자외선이다.

산소 분자(O_2)가 240nm보다 짧은 파장의 자외선으로 해리되어 산소 원자(O)가 생기는 반응은 〈화학식 1〉의 맨 위에 보였다. 이 해리 반응을 J_1 기호로 나타내기로 하면 오존(O_3)은 J_1반응으로 생긴 산소 원자가 산소 분자와 결합해 생성된다. 이것은 두 번째 식 R_1로 보였다. R_1반응에 있는 M은 화학 반응 진행에서 운동에너지나 운동량의 과부족 균형을 잡고 반응이 일어나기 쉽게 하는 것이며, 대기 중에서는 가장 많이 존재하는 질소 분자가 주로 구실을 한다.

240nm보다 짧은 파장을 가진 태양 자외선의 침입 고도는 〈그림 8〉에

$$J_1 \qquad O_2 + 태양\ 자외선 \rightarrow O + O$$
$$(파장 < 240nm)$$

$$R_1 \qquad O + O_2 + M \rightarrow O_3 + M$$

$$J_2 \qquad O_3 + 태양\ 자외선 \rightarrow O + O_2$$
$$(파장 < 320nm)$$

$$R_2 \qquad O + O_3 \rightarrow 2O_2$$

화학식 1 순산소 대기 중 채프먼의 오존 생성 반응

따르면 35km 부근의 상부 성층권이므로 J_1에 의한 산소 분자의 해리는 주로 35km보다 위에서 일어난다. 따라서 산소 원자의 생성은 주로 이 높이보다 위에서 이루어지고 산소 원자의 밀도는 위로 갈수록 커진다(〈그림 5〉 참조).

이에 비해 산소 분자는 아래로 갈수록 많이 존재한다. 오존 생성은 위쪽에서는 풍부한 산소 원자, 아래쪽에서는 풍부한 산소 분자가 반응함으로써 이루어지므로, 그 중간의 어느 높이에서 극대를 가지게 된다. 이것이 성층권에서 오존 밀도의 극대가 나타나는 '오존층'이 생기는 이유이다.

다음으로 오존의 소멸에 대해 생각해 보자.

먼저, 자외선을 흡수함으로써 오존이 산소 원자와 산소 분자로 분해된다고 알려져 있다. 이 해리는 320nm보다 짧은 파장에서 일어나며 〈화학식 1〉의 세 번째에 J_2로 보였다. 그러나 J_2는 실질적으로 오존을 소멸시키는 반응이 아니다. 왜냐하면 J_2로 생긴 산소 원자로부터는 R_1반응으로 금방 오

존이 생기기 때문이다. R_1과 J_2는 모두 빠른 반응이며 산소 원자와 오존은 이 두 반응으로 끊임없이 한쪽에서 다른 쪽으로 옮겨 가서 평형을 유지하고 있다. 즉, 산소 원자와 오존은 어느 한쪽이 생성되면 곧 두 반응이 평형을 이루어 다른 쪽 분자가 다시 생성되는 관계에 있다. 이렇게 산소 원자와 오존은 불가분이므로, 둘을 묶어 홀수 산소라고 부른다.

J_2가 오존을 소멸시키지 않는다고 하면, 그렇다면 실제로 오존을 소멸시키는 반응은 무엇인가 하는 의문이 생긴다. 그것은 홀수 산소끼리의 반응, 즉 산소 원자와 오존의 반응 R_2이며, 이 반응에 의해 두 개의 산소 분자가 생성된다. 〈화학식 1〉에 제시된 네 가지 반응은 성층권 오존 생성에 관한 채프먼 반응 또는 채프먼 기구라고 불린다. 이들 반응을 바탕으로 오존 밀도를 계산하면 〈그림 10〉의 채프먼 이론이라고 표시된 오존 분포가 얻어진다.

2. 이론과 관측 결과가 일치하지 않는다?

미량 성분의 영향과 운동의 효과

오존층의 실제 관측 방법에 대해서는 다음 장에서 자세히 설명하겠지만, 여기에서는 간단히 채프먼 이론으로 계산된 오존 분포와 관측 결과를 비교해 보자.

〈그림 10〉에서 수평의 짧은 가로선은 중위도에서 관측된 각 고도의 오존 밀도 범위를 나타낸다. 채프먼 이론으로 계산된 오존 밀도 분포를

보면, 20㎞ 부근보다 위에서는 이론값이 관측값보다 거의 두 배가량 크게 나타나며, 오존 밀도가 극대에 이르는 높이도 관측값보다 더 높게 나타난다. 또한 극대보다 아래의 고도에서는 관측값이 거의 일정하게 유지되는 반면, 이론값은 급격히 작아지는 것을 볼 수 있다.

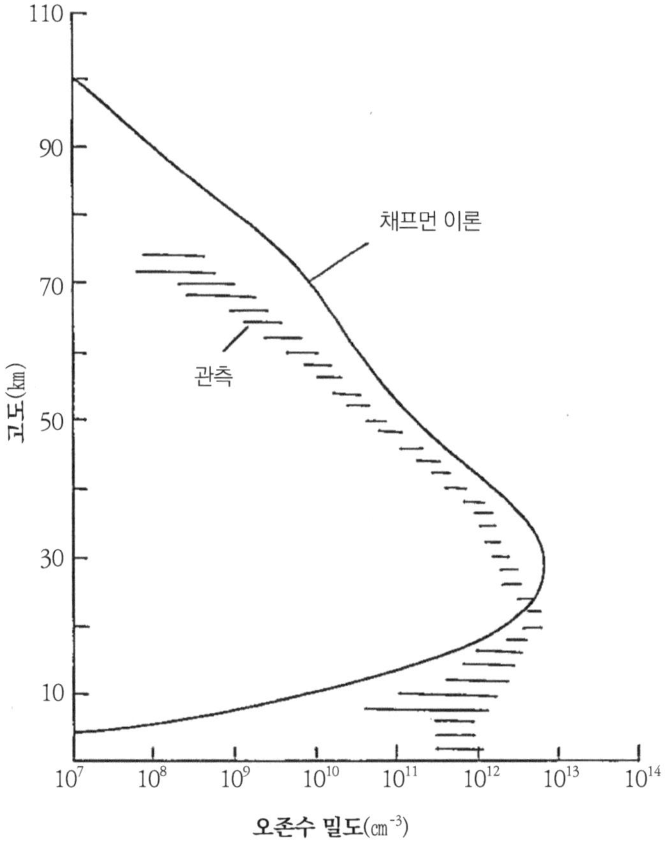

그림 10 채프먼 이론으로 계산된 오존 밀도 분포와 관측 결과의 비교

채프먼 이론이 발표되었을 때에는 충분한 관측 데이터가 없었으므로 이러한 차이가 존재한다는 사실이 밝혀지지 않았다. 그리고 이론은 오존층이 약 30㎞ 부근의 성층권에 존재한다는 점을 대략 만족스럽게 설명하고 있었기 때문에, 그 뒤 30년 동안은 성층권의 오존 분포에 대해 별다른 논의가 거의 이루어지지 않았다.

그러나 이러한 두 가지 차이가 생기는 원인을 추적해 들어가면, 현재 우리가 관심을 갖는 두 가지 중요한 성층권 오존 문제의 실마리를 얻을 수 있다. 먼저, 중부 및 상부 성층권에서 채프먼 이론으로 계산된 오존 밀도가 관측값보다 두 배나 크게 나타나는 이유를 살펴보며, 자연계에 존재하는 질소 산화물 등의 미량 성분의 영향에서 출발해 프레온과 같은 인공 미량 성분의 영향으로까지 문제가 확장된다. 반대로 하부 성층권과 대류권에서의 오존 분포가 채프먼 이론과 뚜렷이 다른 이유를 추적해 보면, 대기 운동의 영향에서 나아가 기상 및 기후에 미치는 영향이라는 문제로 이어진다.

이 이상 논의를 진행하기 전에, 다음 장에서 성층권 오존층의 관측 방법을 설명하고, 그 결과가 채프먼 이론에서 기대되는 분포와 어떻게 다른지를 좀 더 자세하게 알아보기로 하자.

4장

성층권 오존층은 어떻게 관측하는가?

1. 오존 전량의 관측

1) 도브슨의 분광계

오존층 관측을 처음으로 수행한 것은 프랑스의 파브리(Charles Fabry)와 그의 공동 연구자 뷔송(Buisson)으로, 제1차 세계대전(1914~1918) 후 분광 사진기를 사용해 300㎜ 전후의 태양 자외선을 측정하고 오존층의 두께를 구했다. 그러나 간편하고 다루기 쉬우며, 더욱이 정밀도까지 높은 분광계를 발명해 이 분야에 중요한 공헌을 한 사람은 영국의 천문학자 고든 도브슨(Gordon Miller Boume Dobson)이다.

그는 유성을 관측하던 중, 대기 분자의 이온화로 생기는 유성운이 80㎞보다 위쪽의 높은 고도에서 발생한다는 사실에 주목했고, 이는 상공의 대기 온도가 매우 높아야 가능하다고 보았다. 그 고온의 원인이 오존에 의한 태양 자외선 흡수 때문이라고 생각한 그는 오존층 관측에 깊은 흥미를 갖게 되었다.

오늘날 도브슨 분광계로 널리 사용되는 성층권 오존의 관측 장치는 그가 1924년에 개발한 것이다. 이 방법은 서로 가까운 두 파장을 선택해, 하나는 오존의 흡수를 강하게 받는 곳에, 다른 하나는 거의 흡수를 받지 않는 곳에 대응하도록 하여 지상에서 태양빛의 강도를 측정하는 것이다. 두 관측값의 차이로 관측점과 태양 사이에 존재하는 오존의 전량(全量)을 계산할 수 있다.

도브슨 분광계의 사진은 책 앞부분에 실린 컬러 사진에서 확인할 수

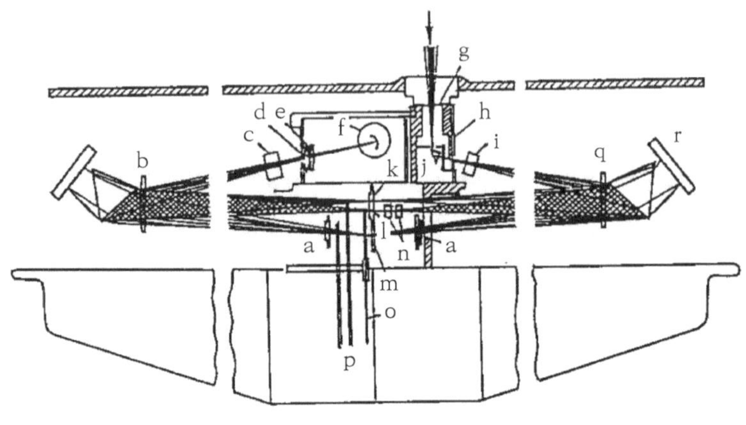

그림 11 도브슨 분광계의 구조

있다. 측정기의 온도 변화를 막기 위한 장치와, 빛을 받아들이는 입구 외에는 빛이 닿지 않도록 두꺼운 천으로 된 덮개가 씌워져 있다.

도브슨 분광계의 실제 구조는 〈그림 11〉과 같다. 그림 위쪽 화살표가 가리키는 방향으로 g창을 통해 들어온 태양빛은 j의 반사 프리즘에서 반사된 뒤, h의 슬릿과 i의 수정 플레이트를 지나 q의 수정 프리즘에서 여러 파장의 빛으로 분해된다.

오존의 흡수를 받는 파장과 거의 흡수를 받지 않는 파장의 빛이 각각 k와 l의 슬릿을 통과하도록 하고, 이를 다시 c의 플레이트, d의 슬릿, e의 렌즈를 거쳐 f의 광전자 배증관에 넣는다. 두 파장의 빛 세기에 차이가 있으면 전류가 흐르도록 되어 있으므로 전류가 흐르지 않도록 n의 광학 쐐기 위치를 조절한다. 그 쐐기의 눈금으로부터 자외선 흡수와 관계되는 오

	λ_1	λ_2
A	325.4㎚	305.5㎚
B	329.1	308.8
C	332.4	311.4
D	339.8	317.8

표 3 도브슨 분광계에서 사용되는 두 개의 파장 쌍

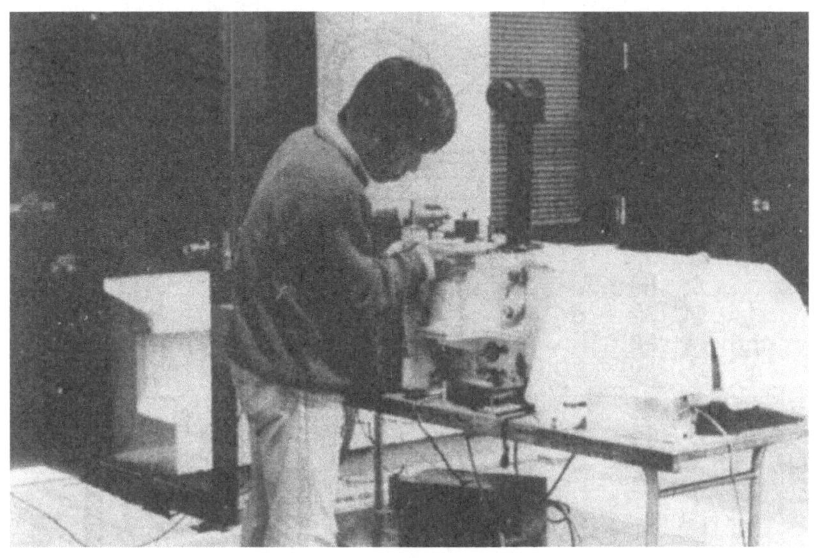

그림 12 도브슨 분광계를 이용한 성층권 오존 관측 장면[고층 기상대, 히로다(廣田道天) 씨 제공]

존량을 계산할 수 있다.

이 방법에서는 오존층에 들어가기 전 대기 상층에서 빛의 복사 세기가 거의 같아지도록 두 파장을 가능한 한 가깝게 선정하는 것이 중요하다. 〈표 3〉에는 일반적인 도브슨 분광계에서 사용되는 파장 쌍을 보였다. 〈그림 11〉의 o는 여러 개 있는 두 개의 파장 짝(A. B. C. D) 중에서 적당한 짝을 골라 전환하기 위한 것이다.

〈그림 12〉의 사진은 쓰쿠바(筑波)에 있는 고층 기상대에서 실제로 도브슨 분광계를 사용해 성층권 오존을 관측하는 모습을 보여준다.

도브슨 분광계는 정밀도의 일관성을 유지할 필요가 있기 때문에, 세계 각지에서는 영국의 어링베크사가 제작한 장비를 사용하고 있다.

1대에 2,000만 엔이나 하는 값비싼 장비인데, 일본 기상청은 최근 외화 절감을 위한 조치의 일환으로 한꺼번에 5대를 구입해 외국 관계자들을 놀라게 했다. 기상청은 이 도브슨 분광계를 국내는 물론 남극에도 배치해 더욱 정밀한 관측을 수행할 계획이다.

2) 필터를 사용하는 방법

도브슨 분광계는 장치가 복잡하고 수정 프리즘 등 값비싼 부품을 사용한다. 이에 비해 필터를 사용해 원하는 파장의 빛만 선택하는 방법은 조작이 간단하고 비용도 적게 든다.

〈그림 13〉은 기구에 싣는 필터계의 한 예를 보여준다. a는 '무광택' 처리를 한 캡슐로, 태양빛이 어느 방향에서 오더라도 여기에 부딪혀 산란광

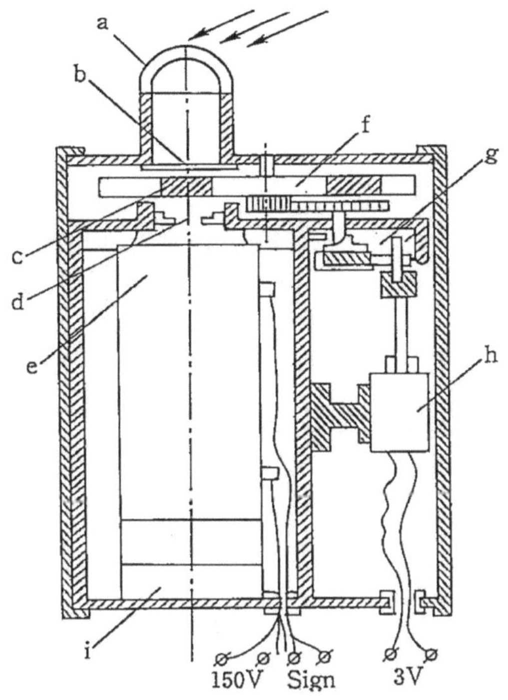

그림 13 필터법을 이용한 오존층 관측 장치의 구조

이 생기며, 그 산란광이 측정기로 바로 들어오게 된다. b의 필터로 넓은 범위의 자외선을 통과시킨 다음에 c에서 특정 파장의 자외선만 통과시켜 e의 광전자 배증관(光電子倍增管)에 넣는다. c의 필터가 달린 원반은 h의 모터에 의해 회전해 여러 필터가 차례로 자외선 통로에 놓이도록 되어 있다.

필터법에 의한 오존 관측은 소련을 비롯한 동유럽 여러 나라에서 사용되고 있다. 일반적으로 필터는 상당히 넓은 파장 범위의 빛을 통과시키므로 분광계에 비해 파장 분해능이 떨어진다. 또한 측정 결과는 기상의 영향을 받기 쉬우며, 태양 입사각(入射角)이 클 때에는 특히 정밀도가 나빠지는 등의 단점이 있다. 따라서 다양한 조건에서 도브슨 분광계와 동시에 관측을 실시해 필터계의 값을 정확히 보정할 필요가 있다.

또한 필터법은 기구나 로켓에 측정기를 싣고 상층 대기에서 여러 미량 분자를 관측할 때에도 널리 사용되고 있다.

2. 오존 밀도의 고도 분포를 구하려면

1) 괴츠의 반전법

지금까지 설명한 방법들은 대기 전체에 포함된 오존 전량은 알 수 있지만, 오존층이 어느 고도에 위치하는지는 알 수 없다. 도브슨계를 사용해 이 문제를 해결할 관측법을 고안한 사람은 스위스의 생물학자 괴츠(F. W. P. Götz)였다. 그는 환자의 피부 조직이 태양빛이나 기상 조건에 어떻게 반응하는지 조사하던 중, 당시 학계에서 화제가 되고 있던 상공의 오존층 변화가 이 현상과 관련될지도 모른다고 생각해 오존 관측에 흥미를 갖게 되었다.

괴츠는 1921년, 스위스 동부의 경관이 아름다운 알로사에 세계 최초의 오존층 관측소를 개설했다. 개설 이후 지속적으로 이루어지고 있는 관측은 매우 귀중한 연구 자료를 제공하고 있다. 일본에서는 알로사보다 1년 앞선 1920년에 이바라키현 다테노(館野, 현재 쓰쿠바 학원도시)에 기상청 고층 기상대가 설치되어 기구를 이용한 성층권의 기온·기압·바람 등의 관측이 시작되었으나, 오존의 정기적 관측이 본격적으로 이루어진 것은 1955년 이후였다.

괴츠의 방법은 도브슨계를 태양 방향이 아니라 천정(天頂) 방향으로 향하게 한 뒤 관측을 수행하는 방식이다. 이 경우 비스듬하게 입사한 태양 광선이 대기 중의 공기 분자에 부딪혀 산란되고, 그 산란광이 바로 위에서 도브슨계로 들어오게 된다. 이 방법에서는 시간이 지남에 따라 태양 천정각(太陽天頂角)이 변함에 따라 두 파장을 가진 빛이 산란되는 높이도 함께 변한다. 그 결과 산란이 이루어지는 높이가 오존층 위가 되기도 하고, 오존층 아래가 되기도 한다. 따라서 두 파장의 빛이 오존층을 통과하여 흡수를 받는 비율도 복잡하게 변화한다. 그 때문에 두 파장으로 관측된 복사 강도의 비는 태양 천정각에 따라 〈그림 14〉에서 보듯이 변화한다. 이 곡선이 증가하다가 감소로 반전하는 위치는 선택한 파장 쌍(A. B. D 등)에 따라 서로 다른 오존층 높이를 반영하므로, 이 반전 위치를 이용해 오존층의 높이를 알 수 있다.

이렇게 괴츠의 방법은 〈그림 14〉의 곡선 모양이 천정각이 큰 곳에서 반전하기 때문에 반전법(反轉法)이라고도 부른다. 이 방법을 이용하면 오존 밀도가 극대가 되는 높이는 물론, 특정 높이의 오존 밀도나 오존 밀도의 고도 분포를 구할 수 있다. 뒤에서 설명하겠지만, 약 40㎞ 부근의 상부 성층권의 오존 밀도는 프레온 문제와 관련해 중요하므로 특정 높이의 오존 밀도를 측정할 수 있는 이 괴츠의 방법은 매우 유용하다.

2) 기구에 의한 관측(오존 존데)
전기화학법과 화학형광법

오존 밀도의 고도 분포를 구하는 가장 직접적인 방법은 기구에 측정기를 실어 각 고도에서의 오존 밀도를 직접 측정하는 것이다. 이때 사용되는 방법에는 전기화학법과 화학형광법이 있다.

전기화학법은 요오드화칼륨(KI) 용액이 담긴 용기에 전극을 꽂은 것인

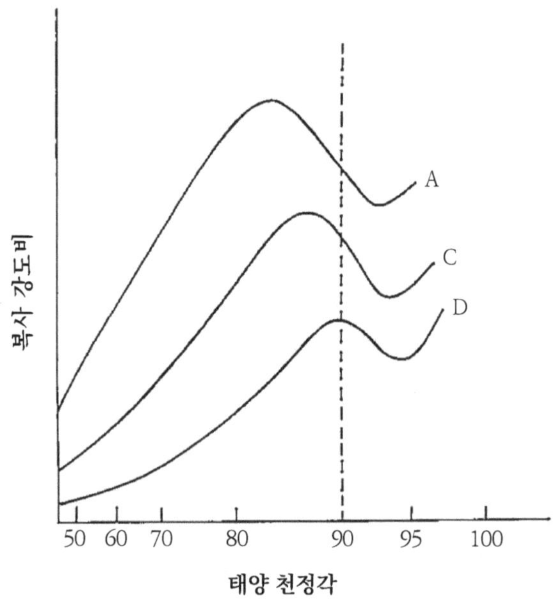

그림 14 괴츠의 반전 곡선

그림 15 기구를 이용한 성층권 기상 요소 측정 모습[고층 기상대, 스즈키(鈴木桓雄) 씨 제공]

데, 요오드화칼륨과 오존의 반응으로 요오드 분자(I_2)가 생기고 그것이 음극 속의 전자와 작용해 생기는 음이온이 양극에 운반되어 전류가 흐르게 된다. 이 전류량을 라디오존데의 회선에 실어 지상에서 관측하면 오존 밀도를 계산할 수 있다.

화학형광(化學螢光)이란 화학 반응으로 인해 바닥상태에서 에너지가 높은 상태로 들뜨게 된 원자나 분자가 다시 바닥상태로 돌아올 때 열이 동반되지 않은 채 빛을 내는 현상을 말한다. 오존의 화학형광법에 의한 측정에서는 루미놀(luminol)이나 로다민(rhodamine)이 오존과 반응해 들뜬 상태가 되는 특성을 이용한다. 전기화학법과 화학형광법은 모두 태양광이 없어도, 즉 야간에도 오존 밀도를 측정할 수 있다는 장점이 있다.

〈그림 15〉의 사진은 쓰쿠바 고층 기상대에서 기구를 띄워 성층권의 기압, 기온, 오존 밀도를 측정하는 모습을 담은 것이다. 측정 결과는 무선으로 지상에 전송된다. 이처럼 작은 측정기를 기구에 실어 올려 고공의 기상 요소를 관측하고, 그 결과를 전파로 지상에 보내는 장치 한 벌을 라디오존데라고 부른다.

3. 인공위성을 이용한 관측

인공위성을 이용한 관측에는 여러 가지 장점이 있다. 인공위성은 약 한 시간 반 만에 지구를 한 바퀴 돌기 때문에, 단시간에 광범위한 지역의 오존 분포를 측정할 수 있다. 특히 관측소 설치가 어려운 대양 위나 극지방에서도 손쉽게 관측이 가능하다. 또한 연속적인 관측이 가능하므로, 오존층에 갑작스러운 변화가 발생하더라도 이를 즉시 감시할 수 있다.

가장 일반적으로 사용되는 방법은, 태양 광선이 인공위성보다 아래에 있는 대기 분자에 의해 반사·산란되어 되돌아오는 빛을 인공위성에서 측

그림 16 일본의 인공위성 '오오조라(大空)'(우주과학연구소 제공)

정하고, 그 결과를 텔레미터(telemeter)로 지상에 전송하는 방식이다. 이 방법을 후방 산란 자외선법(BUV법)이라고 부른다. 보통 BUV법에서 사용되는 파장은 250㎚에서 340㎚ 부근의 빛이다. 이 파장은 오존층 전체를 뚫고 나가서 대류권(對流圈) 또는 지표에서 반사되어 되돌아오므로 오존 전량의 관측도 가능하다. 그러나 30㎞ 이하의 밀도가 높은 대기에서는 한 번 산란된 빛이 다시 다른 대기 분자에 의해 산란되는 다량 산란(多量散亂)이 일어나 계산이 복잡해질 뿐만 아니라 정밀도도 나빠진다. 또한 50㎞보다 위에서는 대기 분자가 적어 산란광이 약해지므로 오존 밀도 산출의 정밀도 역시 떨어진다.

NASA의 님버스 4호 인공위성으로 1970년부터 BUV 관측이 이루어졌으며, 1978년 11월부터는 그 임무가 님버스 7호로 인계되었다. 님버스 7호에는 위성에서 인위적으로 자외선을 발사해 그것이 지표면에서 후방 산란되는 빛을 측정해 오존 전량을 구하는 TOMS 장치도 사용되고 있다.

일본에서는 1984년 3월부터 〈그림 16〉에 보인 '오오조라(大空)'라는 인공 위성을 이용해 BUV에 의한 오존층 관측이 실시되고 있다. 또한 〈그림 17〉 의 사진은 '오오조라'에 탑재된 BUV 측정기이다.

4. 지표로부터의 라이다 관측

최근에는 대기 오염 입자나 성층권 에어로졸 미립자를 원격 측정(remote sensing)하는 편리한 방법으로, 레이저 광선을 이용하는 기술이 여러 분야 에서 활용되고 있다. 이를 라이다(lidar)라고 부르며, 이 방법을 이용하면 오존층 관측도 야간에 실시할 수 있다.

보통 라이다에 사용되는 파장은 320㎚보다 길기 때문에 오존의 흡수 를 받지 않는다. 그러나 예를 들어 색소 레이저에서 사용되는 589㎚파의 제2고조파(294.5㎚)를 이용하면 오존의 흡수를 받게 된다. 따라서 이 빛이 성층권의 에어로졸에서 반사되거나 산란되어 되돌아올 때, 오존에 의한 흡수량을 측정할 수 있게 된다.

라이다를 이용한 성층권 오존 관측은 쓰쿠바의 기상연구소와 공해연 구소 등에서 실시되고 있다.

최근 공해연구소에서는 다파장 레이저광 발생 장치를 개발해, 오존의

그림 17 '오오소라(大空)'에 탑재된 BUV 성층권 오존 측정 장치(우주과학연구소 제공)

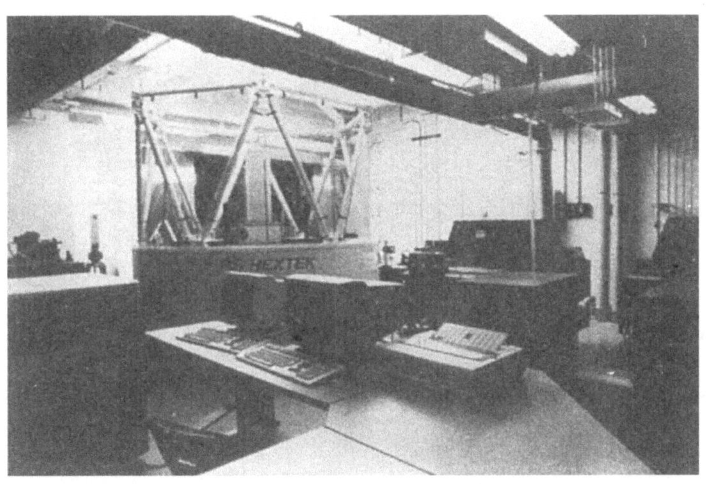

그림 18 성층권에서 되돌아오는 레이저광을 포착하기 위한 고고도용의 지름 2m인 수광 망원경
(공해연구소 제공)

흡수를 받는 파장과 받지 않는 파장의 두 가지 레이저광을 사용하는 라이다 관측이 이루어지고 있다. 관측은 1.5㎞에서 15㎞까지(저고도용)와 그 이상의 50㎞까지(고고도용)의 두 영역으로 나누어 별개의 장치로 수행되며, 전체적으로 거의 1㎞마다 연속 측정이 가능하다. 프레온의 영향을 받기 쉬운 상부 성층권의 오존 밀도를 높은 정밀도로 연속 관측할 수 있는 장치로서 앞으로의 성과가 기대되고 있다. 〈그림 18〉은 공해연구소에서 사용 중인 고고도용 장치의 지름 2m 수광망원경(受光望遠鏡) 사진이다.

5. 오존층 관측에서 알게 된 사실들

지금까지 설명한 여러 관측 방법으로 얻어진 성층권 오존이 세계적으로 어떻게 분포하는지 정리해 보자.

〈그림 19〉는 님버스 7호에 탑재된 TOMS 장치로 관측한 오존 전량의 세계적 분포를 나타낸 것이다. 그림 속 숫자는 관측된 오존 전량을 표준 기압과 표준 온도(1기압에서 섭씨 영도) 조건에서 환산했을 때의 오존층 두께를 뜻한다. 단위는 10^{-3}㎝의 두께를 1로 하는 도브슨 단위를 사용한다. 즉, 300도브슨은 0.3㎝의 두께에 해당한다.

〈그림 19〉에서 바로 알 수 있는 사실은 오존량이 고위도에서 많고 저위도로 갈수록 적다는 점이다. 또한 각 고위도 지역에서는 겨울이 끝나고 봄이 시작되는 시기(북반구는 3월~5월, 남반구는 9월~11월)에 특히 많은 오존량이 관측된다는 점도 확인할 수 있다.

고위도에서 오존량이 많다는 사실은 오존 전량의 위도 분포를 나타내는 〈그림 20〉에서 더욱 뚜렷하게 드러난다. 이 그림에서 실선은 연평균 값이고, 파선은 각 위도에서 관측된 최고값과 최저값을 나타낸 것이다.

겨울에서 이른 봄 사이에 오존량이 많다는 사실은 로켓과 기구를 이용한 관측 결과를 집계해 만든 〈그림 21〉에서도 뚜렷하게 확인할 수 있다.

같은 3월에 여러 위도에서 관측한 오존 밀도의 고도별 분포를 나타내면 〈그림 22〉와 같다. 이 그림을 보면 25㎞ 이상 고도에서는 위도에 따른

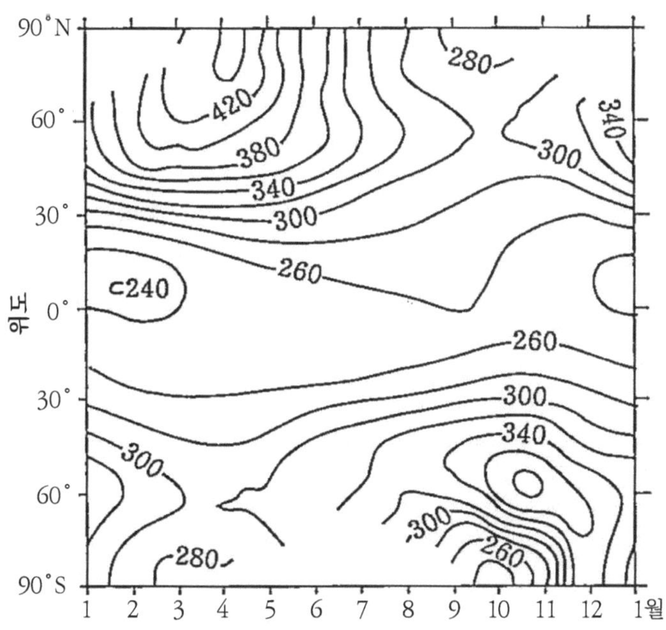

그림 19 님버스 7호에 탑재된 TOMS로 관측한 전 세계 오존 전량 분포

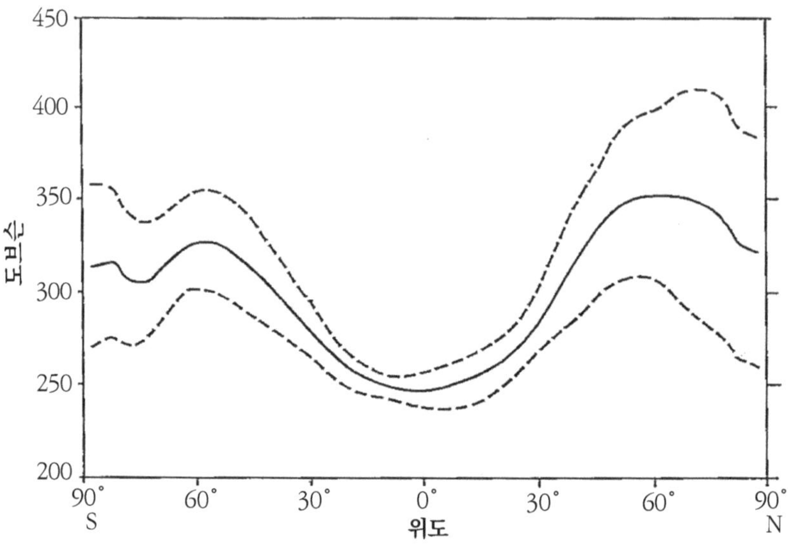

그림 20 TOMS로 관측된 오존 전량의 위도별 분포(실선: 평균값, 파선: 분산을 나타냄)

차이가 거의 없지만, 그보다 낮은 고도에서는 위도에 따른 변화가 크게 나타남을 알 수 있다. 특히 고위도로 갈수록 하층 성층권의 오존량이 증가하고, 오존 밀도가 최대하 되는 고도도 점차 낮아진다. 이로부터 앞서 확인한 고위도에서 오존 전량이 많게 나타나는 이유는 하부 성층권의 오존이 더 풍부하기 때문임을 알 수 있다.

지금까지 살펴본 성층권 오존의 위도 변화, 계절 변화, 고도 분포는 채프먼 이론으로는 설명할 수 없다. 실제 관측 결과는 이 이론이 예측하는 경향과 정반대의 모습을 보이기 때문이다.

즉, 성층권 오존은 태양 자외선에 의해 생성되므로, 자외선이 강한 저

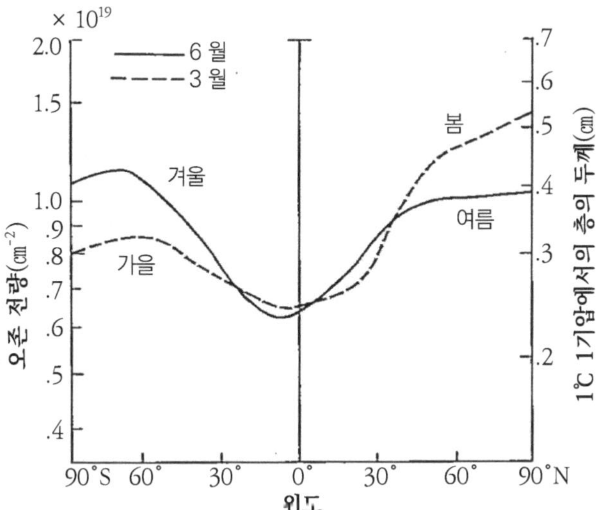

그림 21 로켓 및 기구 관측으로 파악한 오존 전량의 위도·계절별 변화

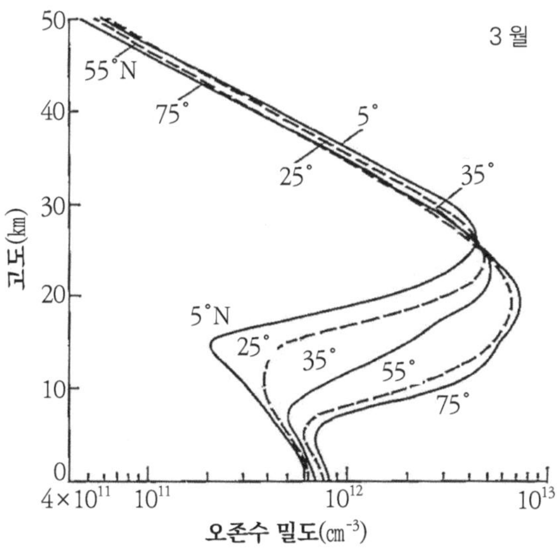

그림 22 여러 위도에서 관측한 3월의 오존 밀도 고도 분포

위도나 여름철에서 더 많이 생성될 것으로 예상된다. 그러나 실제 관측 결과는 이 예측과는 정반대의 분포를 보이고 있다.

특히 겨울철의 고위도 지역에서는 하루 종일 태양광이 비치지 않는데도 세계에서 가장 많은 오존량이 관측되고 있다.

이렇게 고위도에서 오존이 많은 원인은 무엇일까? 이는 운동에 의해

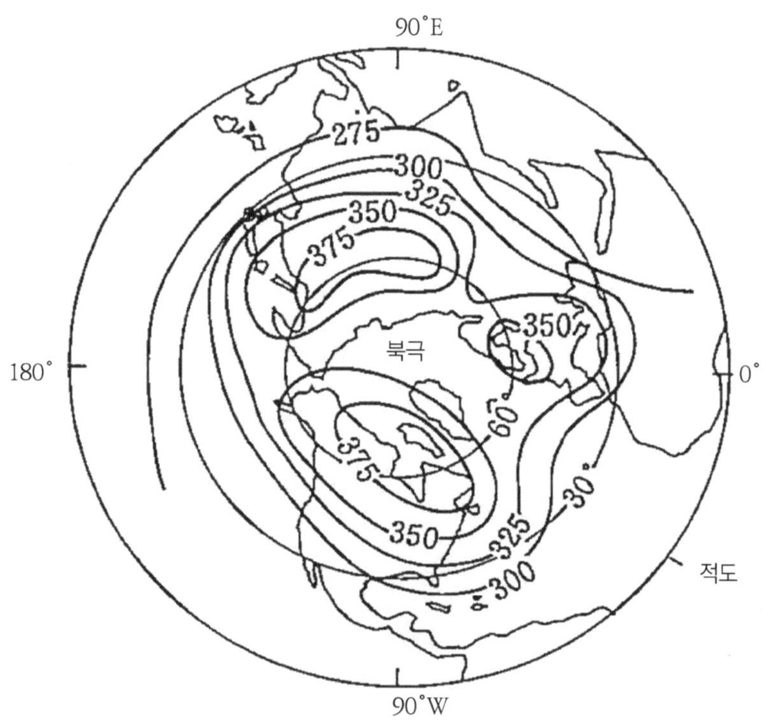

그림 23 오존 전량의 경도별 변화를 나타낸 세계 분포도(단위: 도브슨)

오존이 저위도로부터 고위도로 운반되기 때문이다. 고도별 분포에서도 오존이 생성되는 높이인 상부 성층권보다 아래인 하부 성층권에서도 가장 큰 오존값이 관측되고 있는데, 이것도 운동에 의해 오존이 아래쪽으로 수송되기 때문으로 설명된다.

또한 오존은 경도 방향으로도 균일하게 분포하지 않으며, 〈그림 23〉에서 보이듯 동아시아, 유럽, 동아메리카 지역에서 특히 높게 나타나는 경향이 있다. 이러한 분포는 1장 3절에서 언급했던 히말라야와 같은 거대한 지형, 그리고 저기압 분포의 영향으로 생기는 '행성 파동(行星波動)'에 따른 대규모 대기 운동의 영향으로 설명된다.

6. 오존 이외의 미량 성분 관측

앞으로 5장에서 설명하겠지만, 성층권의 오존 밀도는 대기 중 여러 미량 성분의 화학 반응에 의해 크게 좌우된다. 이러한 미량 성분을 관측하기 위해서는 다양한 방법이 사용되며, 여기서는 그 대표적인 예들을 소개했다. 관측 방식은 크게 두 종류로 나눌 수 있다. 하나는 비행기, 기구(풍선), 로켓 등을 이용해 측정 장비를 해당 고도로 직접 올려 관측하는 방법(현장 측정)이고, 다른 하나는 도브슨 분광계를 활용한 오존층 관측처럼 관측 지점에서 떨어진 곳을 측정하는 방법(원격 측정)이다.

1) 현장 측정

가장 직접적인 현장 측정 방법은 시료 채집법(試料採集法)이다. 기구 등으로 그 장소에 채집기를 운반해 시료를 채집한 뒤, 이를 실험실로 가져와 분석하는 방식이다. 이때 시료 성분이 운반 과정에서 변질되지 않도록 채집 장치를 극저온으로 유지하는 조치가 일반적으로 이루어진다. 이 방법으로 메탄(CH_4), 수소 분자(H_2), 이산화탄소(CO_2), 일산화이질소(N_2O), 여러 종류의 프레온 분자 등이 측정되고 있다. 책 앞부분의 컬러 사진에는 산리쿠(三陸) 해안에 위치한 우주과학연구소 실험장에서 기구에 채집기를 탑재해 발사 준비를 하는 모습이 소개되어 있다.

실험실 분석에는 가스 크로마토그래피의 방법이 사용된다. 가스 크로마토그래피란 여러 성분이 들어 있는 시료를 헬륨이나 질소의 '운반 가스' 흐름 속에 주입한 뒤, '충전재(充塡材)'가 채워진 분리관을 통과시키면서 각 성분을 분리하는 장치이다. 충전재의 종류나 분리관을 수납한 장치의 온도에 따라 시료 성분이 운반 가스에 녹아 들어가는 속도가 다르기 때문에 각 성분이 각기 다른 속도로 차례로 운반가스와 함께 분리관에서 나온다.

측정 현장에서 농도가 알려진 어떤 종류의 분자를 대기 중에 인공적으로 복사해 목표로 하는 대기 분자와 화학 반응을 일으킬 때 발생하는 여러 빛을 측정하는 방식의 '현장 측정'도 있다. 앞에서 언급한 오존 밀도 관측용 화학 형광법도 그중 하나이다. 이 밖에도 빛을 흡수해 높은 에너지 레벨로 올라간 분자가 낮은 레벨로 떨어질 때 발하는 공명 산란(共鳴散亂)이나 공명 형광(共鳴螢光)을 측정하는 경우도 있다. 이러한 방법을 통해 오존뿐 아니라 일산화질소(NO), 일산화수소(OH), 일산화염소(ClO) 등처럼 화학 반응이 빠르고 시료 채집법으로 측정할 수 없는 분자를 측정할 수도 있다.

성층권의 미량 성분 관측에는 항공기도 물론 사용되고 있다. 현재 많은 점보 제트기가 성층권에 닿을 듯한 고도까지 비행하고 있으며, 콩코드와 군용 SST기는 성층권 내부를 실제로 비행한다. NASA는 오랫동안 U2 항공기를 성층권 관측에 사용해 왔다.

U2기는 미국 공군의 정찰기로, 지상 사진을 정밀하게 찍기 위해 글라이더처럼 성층권 상공을 활주 비행하도록 제작된 기체이다. 기체 전체를 새까맣게 칠해 '검은 스파이 비행기'로 불리기도 했다. 1960년 5월, 미국의 아이젠하워 대통령과 소련의 흐루쇼프 수상의 정상회담을 앞둔 시기에, 소련 상공의 성층권을 비행하던 U2기가 소련에 의해 격추되었고, 소련은 이를 이유로 회담 파기를 선언해 전 세계를 놀라게 했다.

이 사건을 계기로 U2기의 존재가 처음으로 세상에 알려지게 되었다. NASA는 이 기종 가운데 두 대를 흰색으로 도색하고 다양한 측정 장비를 탑재해 성층권 관측에 활용하고 있었다.

최근 U2기는 완전히 은퇴하면서 34년에 걸친 운용 역사를 마무리했다. 이에 따라 그 개량형인 ER2기(《그림 24》 참조)가 개발되고 있으며, NASA 에임즈 연구소에서는 ER3기를 남극을 비롯한 세계 각지에 날려 오존은 물론 프레온, 일산화탄소 등 주요 미량 성분을 관측하고 있다.

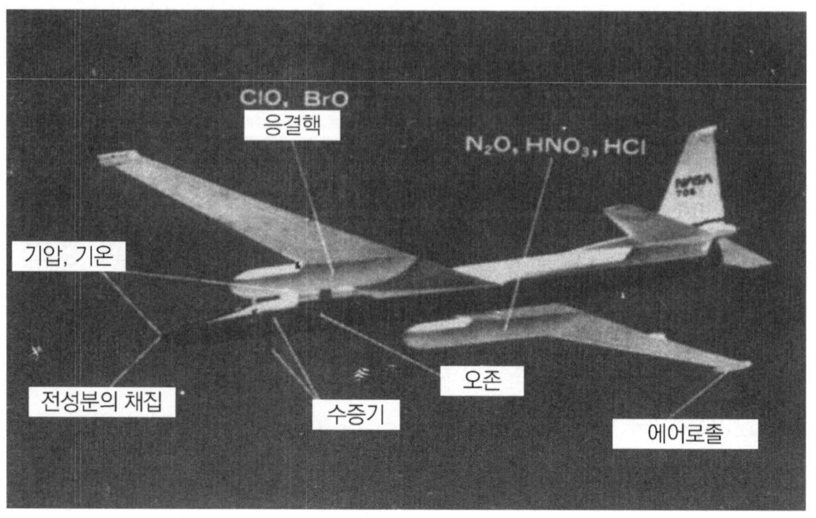

그림 24 오존을 비롯하여 성층권의 미량 성분이나 에어로졸을 관측하는 NASA의 ER2기
(NASA에임즈 연구소 제공)

2) 원격 측정

원격 측정에서는 분자가 자외선이나 적외선 영역에서 각각 고유한 파장의 띠흡수를 갖는 성질을 이용해 태양빛이 해당 파장에서 얼마나 흡수되는지를 관측한다. 흡수가 일어나는 파장에서는 분자가 에너지를 얻었을 때 같은 파장으로 발광하므로 분자의 발광 강도를 측정할 수 있다. 〈그림 25〉는 근적외선 영역에서 여러 분자의 흡수 스펙트럼과 태양빛의 스펙트럼을 나타낸 것이다. 오존은 약 9.6μm, 이산화탄소는 15μm, 수증기는 5~7μm 부근에서 강한 흡수가 있고, 각 곳에서 태양빛의 세기가 약해져 있는 것을 확인할 수 있다.

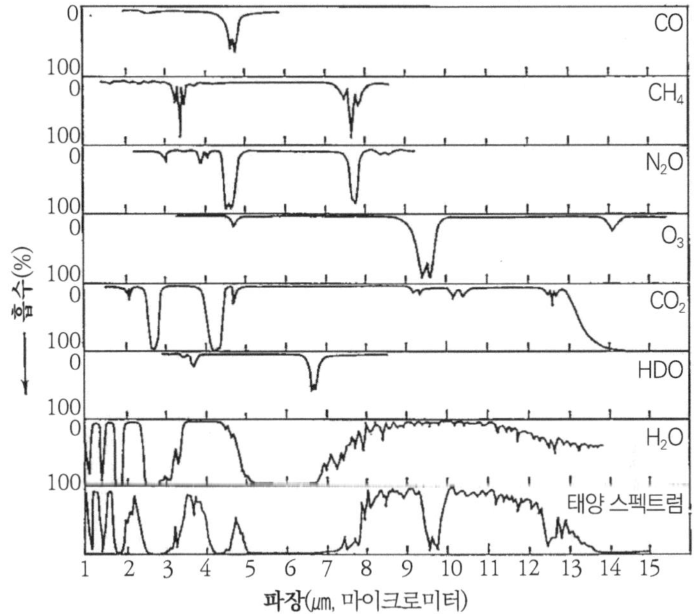

그림 25 근적외선 영역에서의 주요 분자 흡수 스펙트럼과 지상 관측 태양 적외선 스펙트럼

미량 성분은 대기 중 존재량이 매우 적기 때문에, 흡수나 발광을 보다 크게 측정하려면 광행로(光行路)를 길게 하여 광선이 지나가는 전체 분자량을 증가시키는 것이 바람직하다.

일출·일몰 때에는 태양빛이 비스듬히 긴 통로를 지나 대기를 통과하기 때문에 짧은 파장의 빛이 더욱 강하게 흡수된다. 이 때문에 대기가 붉게 보이는 현상이 나타난다는 것은 잘 알려져 있다.

이때 태양빛은 수직으로 바로 위로 들어올 때보다 60배나 긴 광행로를 지니게 되며, 그만큼 더 많은 분자에 의해 흡수된다. 따라서 흡수량이 많이 증가해 측정하기 쉬워진다.

기구나 인공위성에 측정기를 탑재해 대기 분자에 의한 태양빛의 흡수를 관측할 때는 흔히 이렇게 대기의 가장자리(rim)를 통과해 오는 태양빛을 이용하는 일도 있다.

〈그림 26〉은 인공위성에서 태양 광선을 관측하는 방식을 나타낸 것이다. 광행로 중 가장 낮은 고도에서 받는 흡수가 보통 가장 강하게 나타나므로, 관측값은 대부분 그 고도에서의 흡수량을 나타낸다. 따라서 인공위성이 광행로를 따라 여러 지점을 관측하면, 그 흡수 분자의 고도별 분포를 구할 수 있게 된다.

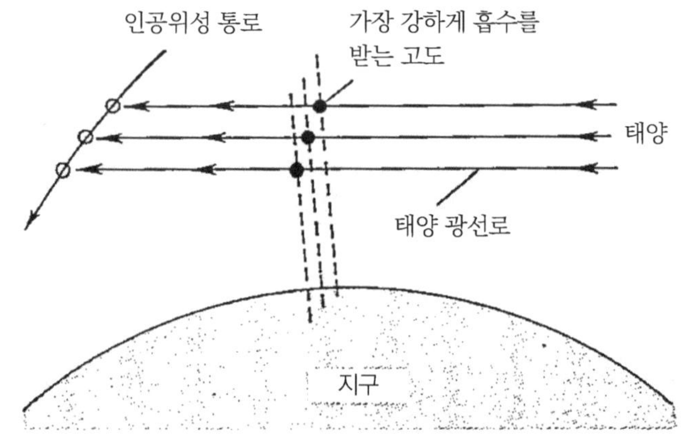

그림 26 인공위성에 의한 태양 광선의 가장자리 관측

성층권 오존은 어떤 구조로 소멸하는가?

5장에서는 〈화학식 1〉(54쪽)에서 보인 채프먼 이론으로 계산한 오존 밀도가 중부 및 상부 성층권에서 관측값보다 거의 두 배 큰 이유에 대해 생각해 보기로 한다. 성층권 오존의 생성 반응은 채프먼 이론의 R_1반응 외에는 생각할 수 없으므로 오존의 생성률을 반으로 줄일 수 없다. 따라서 오존의 소멸 기구에는 R_2의 반응 이외에 그것과 거의 같은 크기의 오존을 줄이는 반응이 없어서는 안 된다.

1. 질소 산화물의 촉매 작용

오존의 소멸 반응에서 채프먼 반응 외에 질소 산화물 반응이 중요한 역할을 한다는 사실을 처음으로 지적한 이는 캘리포니아 대학 버클리 분교의 존스턴(Harold Johnston) 교수와 당시 스웨덴에서 연구하던(현재는 막스 플랑크 연구소 소속) 크뤼첸(Paul Crutzen) 박사였다. 당시 이루어진 이러한 연구 결과는 1960년대 말 미국에서 성층권을 비행하는 초음속기(SST) 개발이 추진되었을 때, SST에서 배출되는 질소 산화물이 성층권 오존을 감소시킬 수 있다는 문제 제기가 등장하는 데 중요한 배경이 되었다.

질소 산화물에 의한 오존 파괴는 〈화학식 2〉에 제시된 과정으로 이루어진다.

먼저 R_3의 반응으로 일산화질소(NO)가 오존에서 한 개의 산소 원자를 빼앗아 산소 분자(O_2)로 바꿈과 동시에 자기 자신은 이산화질소(NO_2)로 변환된다. 다음에 이 NO_2가 R_4의 반응으로 자기 속의 산소 원자를 반응

$$
\begin{array}{ll}
R_3 & O_3 + NO \rightarrow O_2 + NO_2 \\
R_4 & O + NO_2 \rightarrow O_2 + NO \\
\hline
R_3 + R_4 & O + O_3 \rightarrow 2O_2
\end{array}
$$

화학식 2 질소 산화물에 의한 촉매 반응

상대인 산소 원자에게 주어 산소 분자로 바꿈과 동시에 자기 자신은 NO로 되돌아간다. 이 일련의 반응 과정에서 질소 산화물(NO, NO_2)에는 아무런 변화도 없지만 반응이 한 번 일어날 때마다 1개의 오존과 1개의 산소 원자가 없어져 2개의 산소 분자가 생긴다. 이것은 R_3와 R_4의 화학식을 더해 양변에 공통인 것을 소거해 보면 〈화학식 2〉의 맨 아래쪽 식과 같아지는 데서도 알 수 있다.

〈화학식 2〉의 반응계에서 NO와 NO_2처럼 자신은 거의 변하지 않으면서도 다른 분자나 원자의 화학 반응을 촉진하는 물질을 촉매(觸媒)라고 하며, 이러한 역할을 촉매 반응 또는 촉매 작용이라고 한다. 즉 오존은 질소 산화물의 촉매 작용으로 그것이 없을 때보다 한층 빨리 소멸하게 된다.

〈화학식 2〉의 맨 아래쪽 식은 채프먼 반응에서의 실질적 오존의 소멸 반응인 〈화학식 1〉의 R_2와 겉보기로는 같다. 즉 질소 산화물의 촉매 작용으로 오존이 소멸하는 비율이 채프먼 반응에서 오존의 소멸되는 비율과 같은 정도이면, 종합 결과로서 오존의 소멸률은 R_2의 두 배가 되어 관측된 오존 밀도를 잘 설명할 수 있게 된다. 그런 조건을 만족시키는 데는 1㎤ 당 10^9 정도의 밀도인 NO_2가 있으면 된다는 것을 계산 결과 알게 된다. 그런데 실제로는 〈그림 5〉에서 볼 수 있는 것처럼 그 정도의 밀도인 NO_2가 성층권에 있는 것이 관측되었다. 이로써 중부 및 상부 성층권의 오존 밀

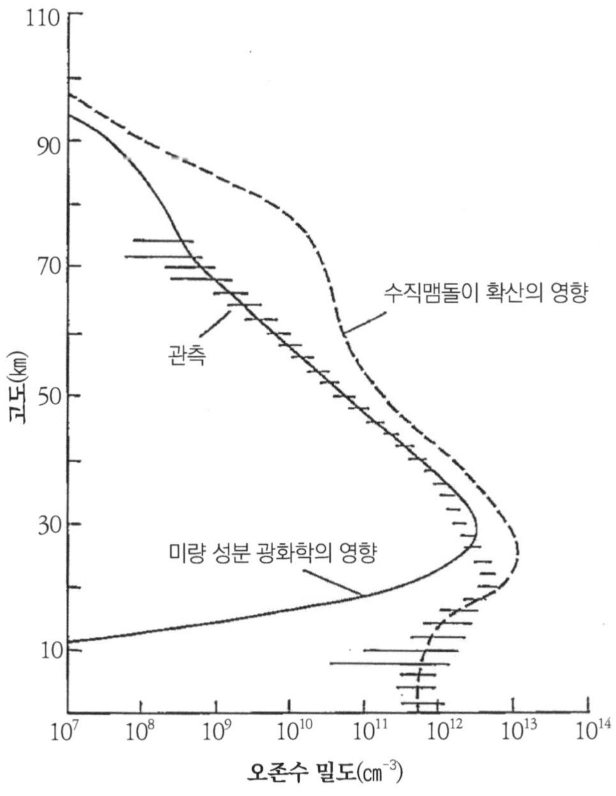

그림 27 여러 촉매 반응과 운동 효과에 의해 채프먼의 오존 분포가 개량됨.

도의 크기에 관한 문제는 질소 산화물의 촉매 반응을 고려함으로써 훌륭히 해결되었다.

실제로 질소 산화물의 촉매 작용을 고려해 계산한 오존 밀도의 분포는 〈그림 27〉에서 '미량 성분 광화학의 영향'이라고 된 실선의 곡선처럼 되어 있고 25㎞보다 위의 중부 및 상부 성층권의 오존 밀도의 계산값이 관측값과 아주 잘 일치한다. 이는 〈그림 10〉에 '채프먼 이론' 곡선과 비교했을 때 두드러지게 개선된 결과이다. 또한 〈그림 27〉의 계산에는 다음에 설명할 수소 산화물의 촉매 작용의 영향도 포함되어 있는데, 중부 및 상부 성층권에서는 그 영향이 작고 대부분 질소 산화물에 의한 효과가 지배적이다.

2. 수소 산화물의 촉매 작용

〈화학식 2〉의 질소 산화물의 촉매 반응에서는 R_4의 반응에 산소 원자(O)가 필요하다. 그런데 〈그림 5〉에서 보듯이 30㎞ 이하에서는 산소 원자의 양이 매우 적기 때문에 질소 산화물의 촉매 반응은 오존이 가장 많이 존재하는 하부 성층권에서는 유효하게 작용하지 않는다.

하부 성층권에서는 그 대신 수소 산화물(OH, HO_2)의 촉매 작용이 중요하게 된다. 그것은 〈화학식 3〉과 같은 일련의 반응에서 먼저 R_6의 반응으로 HO_2가 다시 다른 오존과 반응해 2개의 산소 분자로 바꿈과 동시에 자기 자신을 HO_2로 변환한다. 다음에 R_6의 반응에서 이 HO_2가 다시 다른 오존과 반응해 2개의 산소 분자를 생성함과 동시에 자기 자신은 OH로 되

$$
\begin{array}{lll}
R_5 & O_3 + OH \rightarrow O_2 + HO_2 \\
R_6 & O_3 + HO_2 \rightarrow 2O_2 + OH \\
\hline
R_5 + R_6 & 2O_3 \quad \rightarrow 3O_2
\end{array}
$$

화학식 3 수소 산화물에 의한 촉매 반응

돌아간다. R_6와 R_6의 일련의 반응에 의해 수소 산화물의 OH와 HO_2에는 변화가 없고 반응이 한 번 일어날 때마다 2개의 오존이 파괴되어 3개의 산소 분자로 변환된다.

이렇게 수소 산화물은 오존이 많은 하부 성층권에서 오존 소멸의 촉매 작용을 하고 있다.

3. 염소 산화물의 촉매 작용

프레온 문제에 관계가 있는 염소 산화물의 촉매 반응은 〈화학식 4〉에 보인 R_7과 R_8의 일련의 반응으로 일어난다. 〈화학식 4〉의 촉매 반응에는 R_8의 반응에 산소 원자가 필요하므로, 이 반응은 30㎞ 부근보다 위의 중·상부 성층권까지 거의 변화 없이 운반된다. 그곳에서는 태양 자외선에 의한 해리로 염소 원자가 방출되며, 이에 따라 염소 산화물에 의한 오존 소멸 반응이 일어난다. 이 소멸 반응은 채프먼 반응에 의해 오존이 생성되는 것과 같은 고도에서 오존을 감소시키는 역할을 하게 된다.

$$
\begin{array}{lll}
R_7 & O_3 + Cl \rightarrow O_2 + ClO \\
R_8 & O + ClO \rightarrow O_2 + Cl \\
\hline
R_7 + R_8 & O + O_3 \rightarrow 2O_2
\end{array}
$$

화학식 4 염소 산화물에 의한 촉매 반응

따라서 프레온은 하부 성층권에 방출되어 그곳에서 화학 반응을 일으키면 SST에서 배출되는 질소 산화물과는 비교할 수 없을 정도로 심각한 성층권 오존의 파괴를 일으키게 된다. 이에 대해 SST로부터 방출되는 질소 산화물에 의해 하부 성층권의 오존이 소멸되더라도, 그 오존은 원래 중부 및 상부 성층권에서 생성된 뒤 대기 운동으로 운반된 것이므로 상층의 오존 생성 기구에 이상이 없으면 거기에서 보급되어 보상된다.

같은 양의 염소 산화물과 질소 산화물이 있는 경우는 염소 산화물의 촉매 반응이 질소 산화물의 촉매 반응보다 거의 두 배에 가까울 정도로 강한 오존층 파괴 효과를 가진다는 것이 알려져 있다.

SST나 프레온 문제에 대해서는 각각 7장과 11장에서 더 자세히 설명한다.

6장

오존 분포는 대기 운동과 어떤 관계가 있는가?

1. 하부 성층권에서의 운동의 중요성

20km 근방에서 아래 높이에서는 오존 밀도가 광화학 반응으로 변화하는 데 필요한 시간(시상수)이 매우 크기 때문에(〈그림 6〉 참조) 화학 반응이 일어나기 전에 오존은 대기 운동에 의해 다른 지역으로 운반되어 버린다. 따라서 오존 밀도를 결정하는 데에는 운동의 영향이 중요하게 작용한다.

실제로 수직 방향의 맴돌이 확산 운동의 영향을 고려한 모델 계산 결과는 〈그림 27〉의 파선과 같이 나타나, 광화학 반응만을 고려한 실선에 비해 하부 성층권의 오존 분포가 거의 일치하게 된다. 이 파선에서는 화학 반응으로 순산소의 채프먼 반응만을 고려했기 때문에 위쪽에서는 관측 결과와 맞지 않게 된다(〈그림 10〉 참조).

마찬가지로 성층권 오존의 위도 분포나 계절 변화를 설명할 때에도 대기의 수평 운동이 중요한 역할을 한다. 이 장에서는 오존을 운반하는 성층권과 대류권에서 지구 규모로 전개되는 대기 운동이 어떤 구조를 갖는지, 프레온이 어떻게 대류권에서 성층권으로 이동하는지를 살펴보기로 한다.

2. 대기 운동의 추적자

공기가 운동하는 모양을 파악하기 위해서는 공기와 함께 운동하는 물질을 찾아내 그 이동 경로를 추적하면 된다. 이 목적에 사용되는 물질을 추적자(tracer)라고 부른다. 실은 오존 자체가 하부 성층권이나 대류권에서는 추적자의 역할을 하며, 예를 들어 저기압 부근에서 성층권의 공기가 대류권으로 하강해 내려오는 운동은 오존의 이동을 추적함으로써 관측할 수 있다.

오존 외에도 여러 종류의 추적자가 있다. 예를 들면 수증기가 그렇다. 1949년에 영국의 브루어(A. W. Brewer)는 영국 상공에서 대류권 계면 바로 위의 성층권 대기가 매우 건조하며, 그 이슬점이 절대온도로 193K(-80℃) 정도인 것을 관측했다.

이 이슬점은 〈그림 4〉에서 보이듯 적도 상공의 대류권 계면 부근의 온도(195K)와 거의 같다. 이 사실로부터 브루어는 중·고위도의 성층권 공기가 적도 부근의 강한 상승 기류를 따라 대류권에서 성층권으로 들어간 공기가 수평으로 방향을 바꾸어 이동해 온 것이라고 생각했다.

공기가 적도 부근의 저온 권계면(圈界面)을 통과할 때, 그 온도에서 이슬점으로 가질 수 있는 수증기량보다 여분의 수증기를 빙결(氷結)로 잃은 다음 성층권으로 들어가기 때문에 그 이후는 그때의 온도(195K 정도)를 유지한 채 중·고위도로 운반되게 된다.

이러한 저위도에서 고위도로 향하는 성층권의 공기 운동은 오존 관측 결과를 설명하기 위해 도브슨이 이전부터 생각하고 있던 운동과 일치하기 때문에 브루어-도브슨의 환류(還流)라고 부른다.

큰 화산 분화가 일어나면 그에 수반되어 다량의 분진 입자(粉塵粒子)가 성층권까지 날아올라 대기 운동과 함께 이동하는 모습을 볼 수 있다.

그림 28 크라카타우 화산의 폭발(1883년)

1883년 8월 27일 인도네시아의 크라카타우(Krakatau) 섬에서 일어난 화산 분화(〈그림 28〉 참조)는 기록 사상 최대 규모의 사건으로, 분출된 분진은 32㎞ 높이까지 치솟았다. 이후 몇 주 지나 25㎞ 부근까지 내려온 분진은 오랜 기간 그 고도에 머물렀으며, 강한 돌풍을 타고 지구를 몇 바퀴 도는 것을 볼 수 있었다고 한다.

그동안 남북 방향의 운동도 더해지면서 이 분진 때문에 일몰 때와 같은 붉은 태양이 관측되었다고 한다. 또한 몇 년 동안 지구의 평균 기온이 약 0.5℃나 낮아졌다고 전해진다.

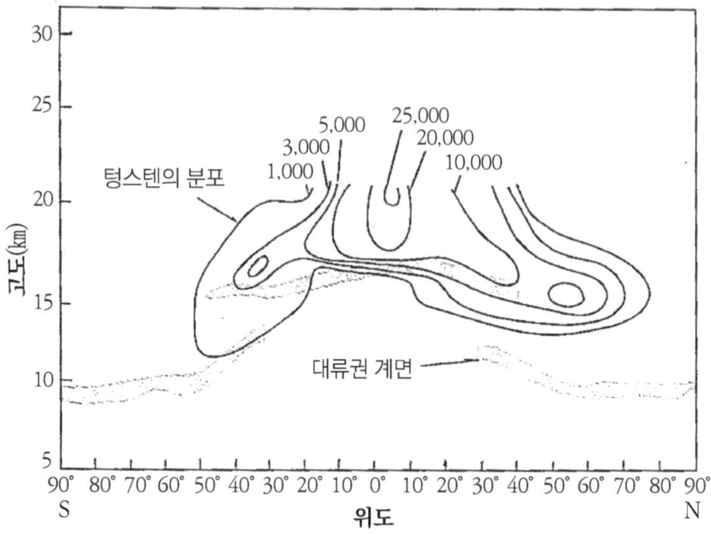

그림 29 핵폭발 실험으로 발생한 텅스텐 동위원소의 반 년 후 분포. 음영 부분은 대류권 계면을 나타낸다.

자연 현상 외에도 인공적인 추적자를 이용해 대기 운동을 알 수 있다. 후에 11장에서 설명하듯이 프레온 등도 처음에는 대도시 주변의 대기 오염 확산을 연구하기 위한 추적자로 사용되어 그 분포가 관측되었다.

핵폭발 실험과 함께 상공을 높이 날아오르는 방사성 물질은 이른바 '죽음의 재'로 불리며 공포의 대상이 되고 있다. 그만큼 그 행방을 정확히 알 필요가 있어 자세한 관측이 이루어지고 있다. 이러한 관측 결과는 동시에 대기 운동 연구에도 유용하다. 체르노빌 원자력 발전소의 사고 당시에도 대기 중에 방출된 방사성 물질이 어떤 경로를 따라 언제 일본에 도

달할 것인가가 많은 사람에게 큰 관심을 불러일으켰던 것은 아직도 기억
에 생생하다.

1958년 5월 13일의 핵폭발 실험으로 생긴 텅스텐의 동위원소(반감기
74일)의 관측 결과를 〈그림 29〉에 제시했다. 그림 속의 숫자는 1,000세제
곱피트의 대기 중에서 매분 일어나는 핵분열 수를 나타낸다. 폭발은 북위
17° 부근에서 일어났는데, 그림에 나타난 반년 후의 분포에서는 폭발 지
점으로부터 남북으로 각각 20°에서 30° 떨어진 위치에서 방사능 극대가
검출되었다. 이러한 사실에서도 성층권 대기가 남북 방향으로 운동하고
있음을 알 수 있다.

3. 대기의 대순환
대류권과 성층권 공기의 대규모 운동

시간적으로 평균한 대기의 지구 반구 규모의 운동을 대기의 대순환이라고
한다. 대류권과 성층권의 대기 대순환을 모식적으로 나타내면 〈그림 30〉
과 같다.

대류권에서는 지표면의 가열이 큰 적도 부근에서 일어나는 상승 기류
에 의해 상승한 공기의 대부분은 대류권 계면에서 저지되어 극으로 향하
는 수평 운동이 된다. 이 수평 운동은 지구가 자전하는 영향으로 코리올
리 편향력(偏向力)의 영향을 받아, 북반구에서는 우회전(동쪽 방향)으로 휘어
져 서풍이 된다.

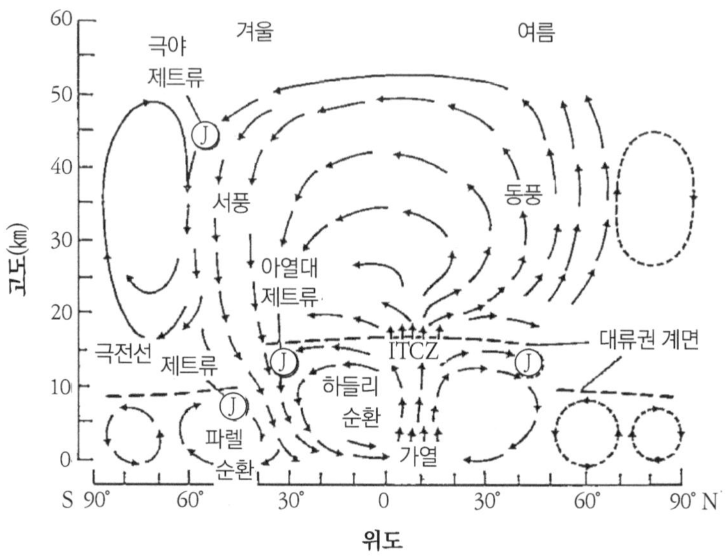

그림 30 대기 대순환의 모식도

이 결과 공기는 북상하는 힘을 잃고 중위도에서 하강해 지표 부근에 도달한 뒤, 다시 적도 방향으로 운동해 출발점으로 되돌아간다. 이렇게 하여 저위도에서 중위도에 걸쳐 하들리 순환이 생긴다.

지구는 하루에 1회전의 비율로 서에서 동으로 자전하고 있으므로 공기도 그에 따라 움직인다. 지구가 하루 1회전을 하는 동안 적도상의 지점에서는 고위도보다 긴 거리를 움직여야 하므로 빠른 속도로 동쪽 방향으로 운동해야 한다.

이 때문에 북반구에서 북쪽으로 움직이는 공기는 출발점에서 이미 더 큰 동쪽으로 향한 속도를 가진 채 유입점으로 들어오기 때문에 유입점에서는 동쪽으로 향하는 운동이 동쪽으로 향하는(오른쪽) 힘처럼 나타난다. 이 힘을 코리올리의 편향력이라고 한다. 고기압에서 불어 나가는 공기가 저기압 주변에서 맴돌이 모양으로 운동하거나 태풍 진로가 오른쪽으로 휘는 것도 코리올리의 편향력 때문이다.

중위도의 하강 기류가 일어나는 지역에서는 단열 압축에 따른 가열로 공기가 건조해지므로 좋은 날씨가 지속되며, 이로 인해 사하라, 고비, 네바다 등의 사막이 생긴다. 또한 상공에서는 지면 마찰의 영향이 없어져 풍속이 증대해 하들리 순환이 중위도에서 하강하는 부근의 서풍은 특히 강하게 되어 지구를 일주하는 아열대 제트류가 생긴다. 이 제트류는 특히 겨울에 더욱 발달한다.

하들리 순환은 저위도에서 중위도로 열을 효과적으로 운반하는데, 남북 운동이 코리올리의 편향력 때문에 중위도에서 멎기 때문에 그 지점에서 고위도 쪽으로 큰 온도 차가 발생한다. 이 온도 차는 겨울철 반구에서 고위도의 냉각이 클 때 특히 두드러진다. 이러한 큰 온도 차를 해소하려는 과정에서 고·저기압을 포함한 대규모의 대기 교란 운동이 일어난다. 이 운동은 하들리 순환처럼 뚜렷한 정상운동(定常運動)은 아니지만, 평균적으로 보면 중위도에서 고위도에 걸친 파렐 순환과 극 부근의 찬 공기의 하강으로 이루어지는 극지방의 순환으로 나타난다. 이렇게 대류권의 대순환은 남북 양반구에 각각 세 개씩 생기는 순환 운동으로 특징지을 수 있다.

성층권에서 대기 운동을 일으키는 원동력은 오존이 태양 자외선을 흡수할 때 발생하는 대기의 가열이다. 자외선은 태양 고도가 높은 여름 반구에서 강하고, 오존은 고위도에서 많다. 또한 여름의 고위도에서는 하루 종일 일사가 지속되지만, 겨울의 고위도에서는 가장 크고 겨울의 고위도에서 가장 작아진다. 따라서 성층권의 대순환은 여름 반구에서 시작해 적도를 넘어 겨울 반구에 이르는 전 지구에 걸치는 순환 운동이 된다.

이러한 교란 운동은 1장 3절에서 설명한 행성 운동의 영향으로 일어나는 것으로 생각되고 있다. 여름의 고위도에서는 이 순환은 약해 분명하게 나타나지 않으므로, 결국 성층권의 대순환은 〈그림 30〉에서 보듯이 전

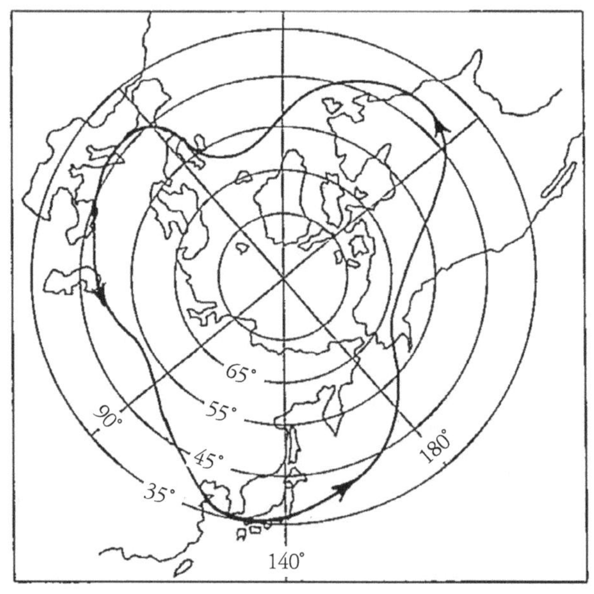

그림 31 겨울철 500mb 고도에서의 공기 흐름. 크게 곡류하며 북극을 둘러싸는 극전선 제트류를 나타냄.

지구에 걸친 두 개의 순환으로 요약된다.

이런 순환 운동 외에 적도 부근의 상승 기류를 통해 대류권에서 성층권으로 들어온 공기가 성층권 하부에서 남북 두 방향으로 향하는 운동을 한다는 것은 앞에서 브루어-도브슨 환류로 설명한 바와 같다. 이러한 과정이 합쳐져 〈그림 30〉에서 볼 수 있는 성층권 대순환이 형성된다.

겨울 성층권에서 부는 서풍은 매우 강해 평균 속도가 초당 100m를 넘는다. 이 바람은 흔히 극을 둘러싸는 주극(周極) 맴돌이 운동을 이루며, 〈그림 31〉에서 보듯 크게 구불구불 나아가는 극전선 제트류가 된다. 북반구의 경우 이 맴돌이 운동 중심은 북극에서 벗어나 유리시아 대륙 쪽에 기울어져 있는 일이 많다.

겨울철 성층권에서 부는 서풍은 일본 부근에서 특히 강하기 때문에, 제2차 세계대전 말기에 일본은 이 바람을 이용해 풍선 폭탄을 미국 대륙까지 띄워 보낸 적이 있다.

4. 대류권과 성층권의 교류

지상 부근에서 대기 중으로 방출된 프레온은 중·상부 성층권에 도달한 뒤에야 태양 자외선에 의한 해리 작용으로 염소 원자를 유리하며, 그것이 성층권 오존을 감소시킨다. 그러나 프레온이 상승해 상부 성층권에 도달하기까지는 10년 이상의 세월이 걸린다. 어떤 경로를 지나 대류권 물질이 성층권에 들어가고, 또한 성층권 물질이 대류권에 내려오는가를 알아내는 것은 프레온이 성층권 오존에 어떤 영향을 주는가를 조사하는 데도 중요한 일이다.

성층권에서는 고도가 높아질수록 온도가 상승하므로, 공기는 열적(熱的)으로 안정되어 있어 상하 방향의 공기 혼합이 거의 일어나지 않는다. 대류권에서 상승해 올라온 프레온 등의 물질은 대류권 계면의 벽에 가로막혀 성층권으로 침입할 수 없다.

그러나 적도 지방에서는 강한 지면 가열로 생기는 상승 기류의 일부가 대류권 계면을 통과해 성층권으로 들어갈 수 있을 것이다. 실제로 적도 지방에서 발달한 적란운은 가끔 대류권 계면을 뚫고 성층권 내에 이를 만

그림 32 발달한 열대 적란운[이이다(飯田睦治) 씨 제공]

큼 강하게 성장하기도 하며, 이러한 열대 적란운에 따른 상승 기류를 통해 대류권 물질이 성층권으로 들어간다는 사실이 알려져 있다. 〈그림 32〉는 적도 지방에서 발달한 적란운을 찍은 것이다.

적도 지방에서 상승 기류를 발생시키는 또 하나의 요인으로는 역학적 현상이 있다. 하들리 순환에 의해 지면 부근의 공기는 중위도에서 적도

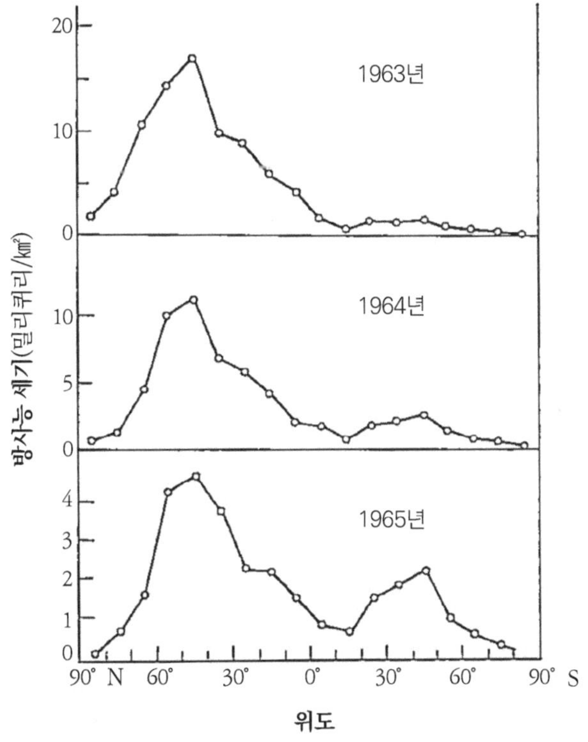

그림 33 핵폭발로 생성된 스트론튬의 동위원소가 지표에 낙하한 양의 위도 분포[기상청의 가쓰라기(幕城幸雄) 씨 자료]

쪽으로 불어오는데, 이 바람은 코리올리의 편향력을 받아 북반구에서는 북동풍으로, 남반구에서는 남동풍으로 바뀐다. 이렇게 적도 부근에서 규칙적으로 부는 동풍은 범선의 항해에 널리 이용되었으며, 무역풍(貿易風)이라고 불린다.

북쪽과 남쪽에서 불어와 적도에서 서로 부딪치는 무역풍은 갈 곳이 없어 위쪽 방향으로 흘러가 상승 기류가 된다. 이처럼 상승 기류가 발달하는 영역을 적도 수렴대(赤道收斂帶, ITCZ)라고 부르며, 이곳은 대류권 물질이 성층권으로 들어가는 통로 중 하나가 된다.

지금까지와 반대로 성층권 물질이 대류권으로 들어가는 통로는 어디일까. 그것은 주로 대류권 계면의 틈을 지나 하강하는 통로이다. 이것은 스트론튬의 동위원소(반감기 28년)의 관측 결과를 나타낸 〈그림 33〉에 뚜렷이 드러난다.

이를 보면 저위도의 성층권에서 상승한 방사성 물질은 중위도에 위치한 대류권 계면의 갭 부근을 통해 대류권으로 떨어지기 때문에 지상의 관측값은 폭발 지점의 위도보다 멀리 떨어진 중위도에서 가장 크게 나타난다.

특히 남반구 중위도에서의 극대는 해마다 뚜렷해지고 있다. 이러한 사실은 방사성 물질이 성층권 내의 순환 운동으로 중위도로 운반되어 대류권 계면의 틈 부근에 많이 낙하되고 있음을 말해준다.

7장

성층권 초음속기(SST)가 오존층을 파괴한다?

1. SST의 무엇이 문제였는가?
지구 규모의 공해 문제의 출발점

성층권을 나는 초음속기(SST)의 엔진에서는 다량의 질소 산화물(주로 NO)
이 배출된다. 이 NO의 촉매 작용으로 성층권의 오존이 대량으로 파괴되
지 않을까 하는 우려가 1960년대 말에서 1970년대 초에 걸쳐 미국에서
제기되었다.

SST 문제가 일어나기 전까지는 일반인은 물론 학자들조차 성층권이
나 성층권 오존 문제에 거의 관심을 두지 않았다. 이 SST 문제는 오늘날
인류가 '프레온에 의한 성층권 오존 파괴'라는 중대한 문제를 인식하게 되
는 계기를 제공한 일종의 전초전이었다. 따라서 당시 상황을 조금 더 자
세히 설명해 두고자 한다.

제2차 세계대전 후 각국의 공업화가 급속히 진척되면서 여러 가지 공
해 문제가 표면화되었고, 이에 대한 사람들의 관심도 점차 높아졌다. 처
음에는 이른바 공해·환경 문제의 초점이 자신이 살고 있는 주변 지역에
국한된 로컬한 문제에 맞춰져 있었다. 그러나 SST에 의한 성층권 오존 파
괴 문제는 전 세계, 전 인류의 생존과 발전에 직결되는 지구적 공해 문제
로 우리가 처음으로 직면한 문제였다.

1960년대에 들어 제트기가 개발되고, 특히 점보기와 같은 대형기가
등장하면서 지구상의 이동이 아주 편리해졌다. 앞으로 비행 속도가 더 빨
라져 초음속으로 비행하게 되면, 현재 제트기로 10시간 남짓 소요되는 태

평양 횡단의 비행시간이 3시간 정도 단축되어 한미 간의 '1일 생활권'도 결코 꿈이 아니게 될 것이다. 그 실용적 이익은 물론 경제적 영향은 헤아릴 수 없을 것이다.

이 밖에도 SST 개발은 여러 관련 기술의 발달을 촉진하는 장점이 있다. 그 때문에 유럽에서는 영국과 프랑스가 정부 차원에서 지원해 콩코드 SST를 공동 개발했으며, 소련에서도 TU-144기의 개발이 추진되었다. 콩코드는 현재 런던과 오스트레일리아, 파리와 남아메리카 사이를 정기적으로 비행할 뿐 아니라 세계 각지를 부정기적으로 비행하기도 한다. 〈그림 34〉에 콩코드 SST의 사진을 제시했다.

쇼와 일왕의 장례식에도 프랑스의 미테랑 대통령이 콩코드를 타고 나

그림 34 콩코드 SST(교도통신 제공)

리타(成田) 공항에 도착하는 장면을 많은 사람들이 텔레비전으로 지켜보았다. 미국에서는 보잉사가 SST 개발을 계획하며 연방 정부의 재정 지원을 요청했으나, 이 요청은 1971년 3월 연방 의회 상원에서 부결되었다.

2. CIAP위원회의 활동

미국 정부가 보잉사에 대한 지원을 부결한 주요 이유 가운데 하나는 당시 미국이 베트남 전쟁에 개입하고 있어 정부 재정에 여유가 없었기 때문이다. 그러나 이것만이 아니라, SST에서 배출되는 질소 산화물이 촉매 작용을 일으켜 성층권 오존을 감소시킨다는 과학자들의 경고도 중요한 요인으로 작용했다.

그 당시 미국의 재정 사정은 베트남 전쟁 때문에 매우 절박한 상황이었으며, 이 때문에 정부 연구기관의 예산과 대학의 연구비 보조도 대폭 삭감되거나 중지되고 있었다. 그러나 문제의 중요성을 고려한 상원은 보잉사에 대한 경제적 지원을 부결함과 동시에 연방 정부 운수성(運輸省) 안에 CIAP라는 위원회를 만들어 특별 대형 예산을 배정해 1972년에서 1974년 사이에 이 문제를 조사·연구해 의회에 보고하도록 명했다.

CIAP위원회는 대대적인 캠페인을 전개해 정부 연구기관, 대학, 민간 연구소의 다수 연구자에게 협력을 요청했다. 그 요청에 응한 연구자들의 전공 분야는 물리학, 화학, 지구물리학(특히 기상학과 초고층 대기 물리학), 엔진 공학, 생물학, 의학을 포함하고 이른바 학제적(學際的) 협력이 성공적으로 이루어졌다.

또한 유럽 각국을 비롯해 캐나다, 일본, 오스트레일리아 등 여러 나라의 과학자도 협력해 국제적 공동 연구가 이루어졌다. 필자는 당시 미국 상무성 산하 해양·대기연구소(NOAA)에 근무하고 있었는데, 전공 분야와 연구 관심이 위원회의 목적과 부합했기 때문에 CIAP위원회의 요청에 응해 협력하게 되었다.

CIAP의 명칭인 Climatic Impact Assessment Program을 글자 그대로 해석하면 '기후에의 영향을 조사·연구하는 것이 목적'인 위원회인데, 한정된 예산과 제한된 기간 안에 의미 있는 성과를 내기 위해, SST에 의한 오존층 변화가 핵심 과제로 설정되었다고 생각된다.

사실 CIAP위원회는 2년 동안 성층권 오존에 관한 작업을 아주 정력적으로 수행했다. 미국 국내는 말할 것도 없고 스위스(알로사), 오스트레일리아(멜버른), 일본[교토(京都)] 등에서 열린 국제회의에서도 심포지엄을 개최해 이 문제에 대한 관심을 높이기 위해 노력했다.

CIAP 시기는 성층권 오존과 관련된 여러 문제의 소재를 밝히고 어떠한 미량 성분이 중요한지를 결정해 그 존재량을 측정하고, 주요 화학 반응 속도를 정확하게 측정하는 등 기본적 과업을 착실히 실행해 짧은 기간에 놀랄 만큼 우리의 성층권 오존에 관한 지식을 증대시켰다. CIAP 종료 이후 눈부신 성층권 오존 연구의 발전은 사실상 이 CIAP의 성과가 있었기에 가능했다고 해도 과언이 아니다.

CIAP는 2년간의 연구 성과를 1974년에 상원에 제출함과 동시에 성층권 오존에 관한 다양한 기초 지식을 방대한 보고서로 마무리했다. 이 보고서는 이후 성층권 오존 연구의 발전으로 이어졌으며, 프레온에 의한 성층권 오존 파괴를 사전에 방지할 수 있는 기회를 인류에게 제공하는 데 중요한 역할을 했다.

3. SST 문제의 재평가

SST를 날게 하는 것의 기부에 대한 CIAP위원회의 보고서는 당시 일반적으로는 SST의 영향이 크다고 생각되고 있었는데도 불구하고 '1976년에 예정된 콩코드 SST 16와 소련의 TU-144 14기에 의한 오존에의 영향은 적다'는 정치적 색채가 짙은 결론을 내렸다는 이유로 일부 과학자들의 비판을 받았다. 그러나 아이러니하게도 CIAP 보고서가 제출된 시기와 겹쳐 화학자들에 의해 중요한 연구 결과가 발표되었고, 다음에서 그 이유를 설명하고자 한다.

앞에서도 설명한 것처럼 SST가 비행하는 하부 성층권에서 오존을 소멸시키는 촉매 작용은 질소 산화물이 아니라, 〈화학식 3〉에서 보인 수소 산화물의 반응으로 일어난다. NO와 HO_2의 반응이 그때까지 알려진 것보다 40배나 빠르면 SST에서 다량의 NO가 배출된 경우, R_5의 반응으로 생긴 HO_2는 R_6로 오존과 반응해 OH로 되돌아가는 것보다는 SST로부터 나온 NO와 반응해 화학식 R_9의 반응에서는 NO_2가 생성되므로 그것이 태양광에 의해 해리되어 산소 원자를 유리하여 그것으로부터 오존이 생성된다.

$$R_5 \qquad O_3 + OH \rightarrow O_2 + HO_2$$

$$R_9 \qquad NO + HO_2 \rightarrow NO_2 + OH$$

$$J_3 \qquad NO_2 + \quad \text{태양 광선} \quad \rightarrow O + NO$$
$$\text{(가시광+자외선)}$$

$$R_2 \qquad O + O_2 + M \rightarrow O_3 + M$$

합계　　양변이 같아서 아무것도 생기지 않음

화학식 5 SST로부터 배출되는 NO에 의해 생기는 화학 반응

SST에서 배출되는 산화질소에 관한 일련의 반응은 〈화학식 5〉에 보인 것처럼 네 가지 반응에서 생성되는 분자 종류와 소멸하는 분자 종류가 완전히 같다. 이것은 〈화학식 5〉의 일련의 반응만으로는 성층권 조성에 아무런 변화도 생기지 않는다는 것을 나타내고 있다.

이런 사실로부터 SST에서 배출되는 NO로 하부 성층권의 오존이 소멸될 우려는 처음에 생각했던 것보다 훨씬 적다는 점이 밝혀졌다. 또한 설령 하부 성층권에서 오존이 다소 감소하더라도, 그곳의 오존은 원래 상부 성층권에서 생성된 것이 대기 운동에 의해 운반된 것이므로, 상부 성층권의 오존 생성률에 문제가 없다면 그 수송 과정에서 충분히 보충되어 큰 문제가 되지 않는다. 문제는 오히려 SST에서 배출되는 NO가 상부 성층권에 운반되어 거기에서 〈화학식 2〉의 촉매 반응이 일어나 오존을 소멸시키는 데 있다. 그러나 질소 산화물의 광화학 반응은 상당히 빠르기 때

문에 그 수명이 짧아서 상부 성층권에까지 도달하는 것은 어렵다. 결국 SST의 질소 산화물에 의한 성층권의 오존 감소는 처음에 생각한 것보다 훨씬 적다고 하겠다.

SST의 배기가스로 인한 성층권 오존 감소가 처음 생각했던 것보다 적다는 사실이 밝혀지면서, 최근 미국에서는 SST 개발에 대한 관심이 다시 높아지고 있다. 그러나 SST의 운항 고도에 따라 그 영향은 크게 달라지므로 주의가 필요하다. 또한 초음속 비행 시 발생하는 충격파, 비행장 주변의 소음 공해 문제, 더 나아가 비행기 자체의 손상도와 경제성 등 고려해야 할 문제가 많이 있다.

SST가 성층권 오존에 미치는 영향이 그 비행 고도에 따라 뚜렷이 달라진다는 사실을 나타내는 모델 계산 결과를 소개하겠다. 〈그림 35〉의 네 개 곡선은 화살표로 표시한 각각의 고도에서 NO가 배출될 때 생기는 오존 밀도의 변화율을 나타내고 있다. 괄호 안에 적힌 숫자는 각각의 경우에서 오존 전량이 감소하는 비율을 나타낸다. ABCD의 네 가지 경우를 비교해 보면 D처럼 9㎞에서 16㎞ 사이의 비교적 낮은 고도에서 비행할 때에는 성층권 오존의 감소율이 작다. 반면 A의 경우처럼 20㎞와 같은 높은 고도에서 비행할 때에는 오존 전량이 상당히 감소하는 것으로 나타난다.

이 계산에서는 네 가지 경우 모두 1ℓ 당 매초 한 개의 입자라는 비율로 NO가 배출된다고 가정하고 있다. 실제로는 여러 가지 SST가 서로 다른 고도에서 비행하는 빈도가 크게 달라지므로, NO의 방출량도 네 가지 경우마다 상당히 다르게 나타날 것이다. 따라서 괄호 안의 정밀 검사 결과 NO와

HO_2의 화학 반응 속도가 종전 값보다 40배나 빠르다는 사실이 밝혀졌다. 이에 따라 SST가 비행하는 하부 성층권에서는 NO의 배출로 오존이 감소할 가능성이 이전에 우려했던 것보다 두드러지게 적다는 것이 밝혀졌다.

오존 전량의 감소율 값 그 자체를 네 가지 경우에서 비교할 수는 없다.

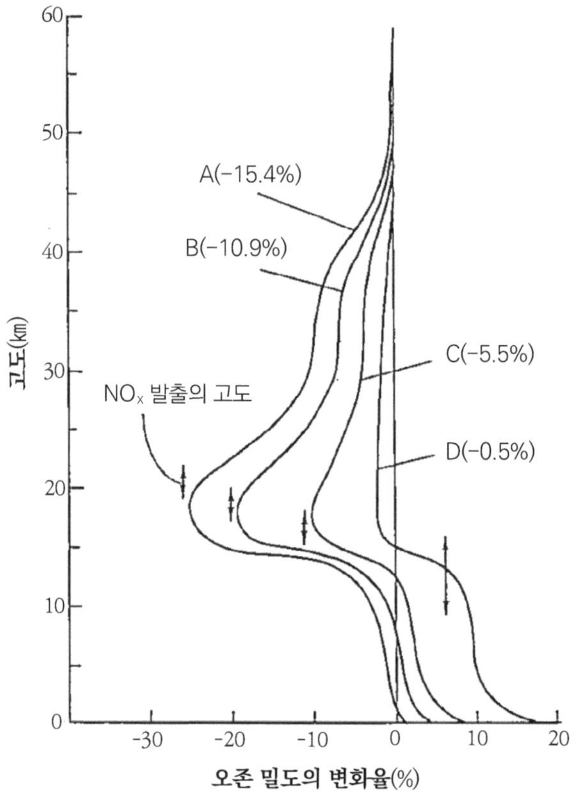

그림 35 여러 고도를 비행하는 SST에 의한 오존 밀도의 변화(모델 계산)

예를 들어 A 고도를 비행하는 SST의 수는 D의 경우보다 훨씬 적기 때문에 NO의 방출량도 훨씬 작을 것이다. 그러나 이러한 모델 계산 결과를 통해 SST의 비행 고도에 따라 성층권 오존에 미치는 영향이 뚜렷한 차이가 있음을 명백히 알 수 있다.

같은 NO량이 방출되더라도, 그것이 높은 곳을 비행하는 SST에서 방출된다면 성층권 오존을 감소시키는 위험은 훨씬 커진다. 따라서 예를 들어 20km 고도를 많은 SST가 비행한다면, 10km 고도에서 비행하는 경우보다 성층권 오존을 감소시킬 위험성이 높아진다.

또한 D의 경우에 대류권에서 오존이 증가하고 있는 것은 광화학 스모그 현상이 일어나고 있기 때문이다. 광화학 스모그는 자동차의 배기가스인 일산화질소(NO)와 공장 등에서 배출되는 탄화수소(CH_mO_n)의 반응으로 이산화질소(NO_2)가 생기는 현상인데, 이 경우는 SST에서 배출되는 NO와 메탄(CH_4)의 반응으로 NO_2가 생긴다. NO_2는 태양의 가시광선으로 해리되어 산소 원자를 유리하므로 이 산소 원자와 대기 중의 산소 분자의 결합으로 오존이 생성된다.

8장

질소 화학 비료는 오존층에 어떤 영향을 미치는가?

1. 질소의 순환과 성층권의 질소 산화물

지구의 총인구는 1987년 7월에 50억 명을 넘어섰으며, 그대로 연율(年率) 약 1.5%의 비율로 계속 증가한다고 가정하면, 2000년에는 60억 명, 2010년에는 70억 명에 이를 정도로 폭발적으로 늘어나게 된다. 현재도 일본이나 서구 여러 나라를 제외한 지구 대부분의 지역에서는 많은 사람들이 굶주리고 있는 실정인데, 이렇게 증가하는 인구를 부양하는 데 필요한 방대한 식량을 생산하는 일은 결코 쉽지 않다.

농산물을 증산하려면 많은 비료가 필요하다. 그러나 질소를 포함한 화학 비료를 대량으로 사용할 경우, 증가한 질소 산화물이 촉매로 작용해 성층권 오존이 감소할 가능성이 있으므로 주의해야 한다.

5장에서 설명한 것처럼 관측되는 성층권의 오존량은 질소 산화물의 촉매 작용을 생각하지 않으면 설명할 수 없다. 성층권에서의 질소 산화물(NO와 NO_2)의 궁극적인 생성원은 토양 중의 세균의 작용으로 생기는 일산화이질소(N_2O)이다. N_2O가 성층권에 운반되어 들뜬 산소 원자와 반응하면 두 개의 NO가 생기고, 그것이 오존과 반응하여 오존을 소멸시키고 NO_2가 생성되게 된다. 들뜬 산소 원자란 보통보다 에너지가 높은 산소 원자이며, 오존이 태양 자외선으로 해리될 때 성층권에서 생성된다. 또한 N_2O는 흔히 소기(笑氣)라고 부르는 분자로 들이마시면 웃음이 나는 현상이 나타난다는 사실은 앞에서도 언급한 바 있다.

토양 속 세균의 작용으로 N_2O가 생기는 과정을 설명하려면 자연계에서 이루어지는 질소 순환에 대해 먼저 살펴볼 필요가 있다.

질소는 R 이름이 '질식성 물질'을 암시하는 것처럼, 산소에 비해 자칫하면 생물에게 유해하거나 쓸모없는 물질로 생각하기 쉽다. 그러나 실제로 질소는 모든 생물에게 결정적으로 중요한 원소이다. 특히 우리 신체의 대부분을 차지하는 단백질을 비롯해, 생명 활동에 중요한 역할을 하는 핵산(核酸)·효소(酵素)·비타민·호르몬 등은 모두 질소를 포함한 분자로 구성되어 있다.

지구에 있는 질소의 약 80%는 대기 중에 있으며, 화학적으로 활발하지 못한 질소 분자(N_2) 형태로 존재한다. 나머지 대부분은 토양 속에 분포하며, 복잡한 유기물인 부식물(腐植物)에 함유되어 있다. 그리고 극히 일부만이 생체 내에서 유기 화합물로 존재한다.

생물은 대기 중에 많이 있는 질소 분자를 그대로의 형태로는 체내에 받아들일 수 없다. 초기 생물은 암모니아(NH_3) 형태로 질소를 받아들였다고 생각되는데 지구 환경이 점차 산화적으로 바뀜에 따라 질산염(NO_3^-)이라는 산화질소의 형태로 섭취하게 되었다.

대기 중의 질소 분자가 산소와 결합해 산화질소를 만드는 일은 드물지만, 예외적으로 번개가 칠 때 발생하는 방전과 함께 질소 산화물이 생성되는 것으로 알려져 있다. 이 때문에 '번개가 많은 해는 풍년이 든다'는 속설도 전해 내려온다. 또한 고압선 아래에 있는 밭은 다른 곳에 있는 밭보다 농작물이 잘 자란다고도 하는데, 이것 또한 비슷한 원인으로 설명할 수 있다. 그러나 자연계에서 질소 분자로부터 생물이 받아들일 수 있는 형태의 질산염을 가장 많이 생성하는 과정은 번개가 아니라 토양 속 세균과 물속 조류의 활동에 의한 것이다.

일반적으로 질소 분자 속의 분자의 결합을 풀어서 질소 원자를 다른 원자 또는 분자와 결합시키는 작용을 질소 고정 작용(窒素固定作用)이라고 한다. 이러한 과정들이 서로 순환해 전체의 균형이 유지되는데, 이들 일련의 질소 순환의 모습을 그리면 〈그림 36〉과 같이 된다.

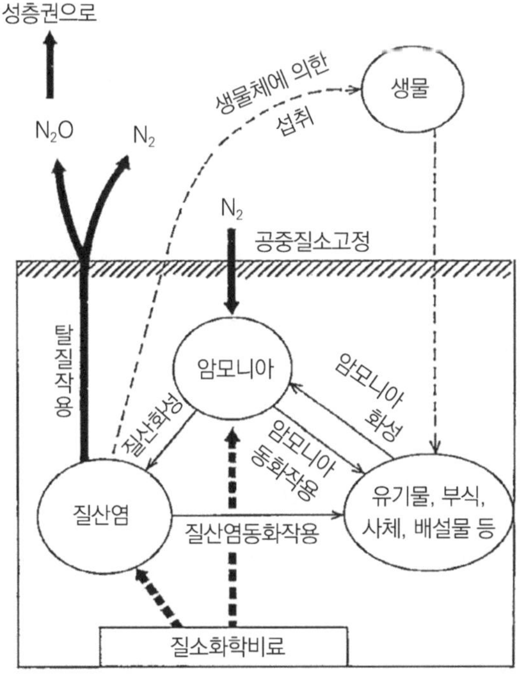

그림 36 공기 중 및 토양에서의 질소 순환, N₂O의 발생 루트

먼저 공중 질소의 고정 작용에 의해 N_2로부터 토양 속에 암모니아가 생성된다. 또한 암모니아는 부식을 형성하는 유기물이 암모니아 화성(化成)에 의해서도 생긴다. 그리고 이들 암모니아는 질산 화성 작용에 따라 질산염으로 바뀐다. 이 동안에 암모니아의 일부나 질산염은 암모니아 동화 작용이나 질산 동화 작용에 의해 유기물로 되돌아가고, 다시 앞의 경로로 질산염이 되는 순환을 한다. 또 질산염의 일부는 음식으로 생물 체내에 받아들여져 시체 또는 배설물로서 토양 속의 유기물로 되돌아가는 순환도 있다. 그러나 여기에서 중요한 것은 질산염으로부터 탈질 작용으로 대기 중에 질소 분자가 방출되어 질소 순환이 완성되는 것이다. 이때 일부가 N_2O로 방출된다.

탈질 작용으로 질산염에서 질소 분자가 생길 때, 그 과정에서 어느 정도의 비율로 N_2O가 발생하는지는 토양 상태, 특히 산성도(pH)에 따라 달라진다. 일반적인 농지에서는 약 6%가 N_2O 형태로 대기 중에 방출된다고 한다. 이 정도의 N_2O로도 관측되는 오존 밀도를 설명하는 데 필요한 질소 산화물이 성층권에 생긴다는 사실이 모델 계산 결과 밝혀졌다.

2. 농업 비료의 살포와 성층권 오존

인간은 오랜 세월에 걸친 농업 활동을 통해, 어떤 종류의 물질을 비료로 토양에 더하면 농작물 수확이 증가한다는 사실을 알게 되었다. 예전에는 주로 동물의 배설물이 비료로 사용되었는데, 〈그림 36〉을 보면 그 배설물이 토양 속에서 질산염으로 바뀌어 생물(이 경우 농작물인 식물)이 흡수함으로써 성장을 돕는다는 것을 알 수 있다. 이후 사람들은 토양 속 질산염을 더욱 적극적으로 늘리기 위해 암모니아나 질산염 자체를 직접 공급해 농작물 수확을 비약적으로 증가시키는 데 성공했다.

암모니아는 화학 원료인 니토로글리세린을 만드는 데 필요하기 때문에 제1차 세계대전 중 초석(礎石) 수입이 막힌 독일에서는 공기와 물로부터 암모니아를 대량 생산하는 방법이 고안되었다. 암모니아는 한 개의 질소 원자와 세 개의 수소 원자로 이루어진 분자인데, 질소는 대기 중에, 수소는 물속에 다량으로 존재한다. 그러나 이것들은 보통 상태에서는 반응하지 않는다. 독일 화학자 하버(Fritz Haber)와 보슈(Carl Bosch)는 약 750℃의 고온과 200기압의 고압에서 이를 반응시켜 암모니아를 생성하는 데 성공했다. 이는 인공적으로 질소 고정을 수행해 공기 중의 질소 분자를 우리가 이용할 수 있는 형태로 바꾼 방법으로서는 매우 중요한 성과였다.

오늘날에는 촉매를 사용해 상온·상압에서도 암모니아를 공업적으로 생산할 수 있다. 암모니아의 공업 생산량은 토양 속에서 세균이 만들어내는 양에 맞먹을 정도이며, 해마다 급격히 증가하고 있다. 그리고 이 암모니아로부터는 질안(窒安)이나 황안(黃安)과 같은 가장 널리 사용되는 농업 비료가 제조된다. 이러한 비료가 토양에 살포되면 토양 속 질산염의 양이 증가하고, 그에 따라 탈질 작용으로 공기 중에 방출되는 N_2O양도 증가하게 된다.

현재까지 질소 화학 비료에 의해 대기 중의 N_2O가 어느 정도 증가했는지를 나타내는 자료는 없다. 대기 중에는 N_2O가 이미 대량으로 존재하므로, 프레온의 경우와는 달리 성층권 오존에 영향을 줄 만큼 N_2O가 증가하는 일은 일어나기 어렵다고 생각되지만, 대기 중 N_2O의 양이 어떻게 변화하는지는 주의 깊게 지켜볼 필요가 있다. 모델 계산에 따르면 N_2O가 현재의 두 배가 되면 오존 전량은 6% 정도 감소한다고 한다.

9장

오존층의 변화는 생물에 어떤 영향을 주는가?

1. 성층권 오존에 의한 태양 자외선의 차폐

300㎚보다 짧은 파장을 가진 태양 자외선이 성층권 오존에 의해 흡수되어 지상에 도달하지 않는다는 것은 이미 여러 번 설명한 바 있다. 성층권 오존에 의한 태양 자외선의 차폐 효과는 오존량이 줄어들면 당연히 약해져 지상에 도달하는 자외선 세기가 증가하고 그 파장 영역도 확대된다. 이러한 변화 양상을 〈그림 37〉에 나타냈다.

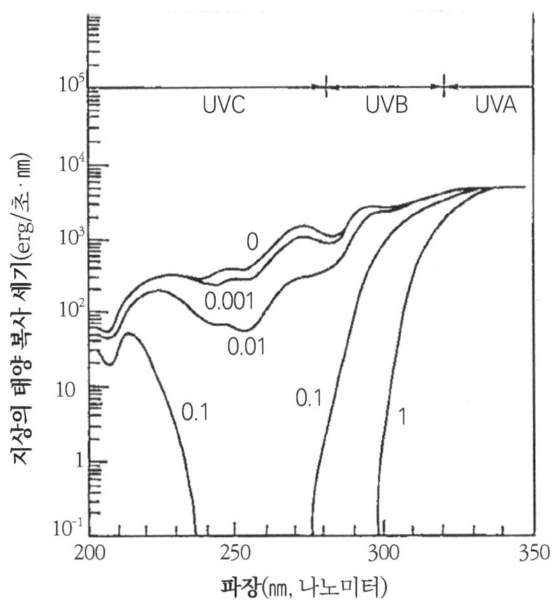

그림 37 오존 전량의 감소에 따른 지표 도달 태양 자외선 세기의 변화(숫자는 현재의 오존 전량을 1로 함)

오존 전량이 1인 곡선은 현재의 성층권 오존량을 기준으로 계산한 결과이며, 300㎚ 이하 파장의 자외선 세기가 아주 작아 지상에는 도달하지 않음을 보여준다.

오존 전량이 10분의 1이 되면 차폐되는 파장 영역이 235㎚에서 275㎚ 사이로 크게 좁아진다. 또한 오존 전량이 100분의 1 이하로 줄어들면 자외선이 거의 전부 지상에 도달하게 된다.

자외선이 생물에 미치는 영향을 조사할 때에는 파장 영역에 따라 320~400㎚의 장파장 자외선(UVA), 280~320㎚의 중파장 자외선(UVB), 280㎚ 이하의 단파장 자외선(UVC)으로 구분해 살펴보는 것이 편리하다.

이 중 생물에게 가장 유해한 UVC는 오존에 의해 매우 강하게 흡수되기 때문에 성층권 오존층에서 완전히 차단되어 지상에는 도달하지 않는다. 이러한 상태는 오존량이 극도로 감소하지 않는 한 변하지 않는데, 다만 이 장의 5절에서 설명하듯 지구 대기가 형성된 초기에는 오존량이 극히 적었으므로 UVC가 지표까지 도달해 생물의 진화에 큰 영향을 주었을 것으로 생각된다.

UVA는 오존에 거의 흡수되지 않으므로 성층권 오존량이 변해도 지상에 도달하는 자외선 세기는 달라지지 않는다. 현재 지상에는 UVA 전체와 UVB 일부가 도달되고 있다. 이 중 UVB는 여러 자연 현상과 인간 활동으로 인한 성층권 오존 변화에 따라 흡수량이 크게 변하는 영역이므로 지상에서의 복사 세기도 그에 따라 변하게 되므로 가장 중요하다.

오존 전량을 절반씩 줄여 나갈 때 지상에 투과되는 UVB의 비율이 어떻게 변하는지는 〈그림 38〉에 나타냈다. 이 계산은 위도 30°의 춘분(또는 추분) 시점을 기준으로 한 것이며, 일변화의 영향도 고려되어 있다. 그림에서 알 수 있듯, 280㎚까지의 자외선이 지상에 도달하려면 오존량이 현재의 16분의 1 이하로 감소해야 한다. 실제로 이처럼 큰 감소는 좀처럼 일어나지 않겠지만, 오존량이 절반 정도만 줄어도 300~320㎚ 영역의 UVB 세기는 상당히 변할 수 있다.

오존 전량 변화율(%)과 지상 자외선 세기 변화율 사이에는 어떤 관계가 있는데, 그 비율은 자외선의 파장 영역이나 위도에 따라 달라진다. 300~320㎚인 UVB 영역에서는 저위도에서 후자는 전자의 약 1.2배, 고

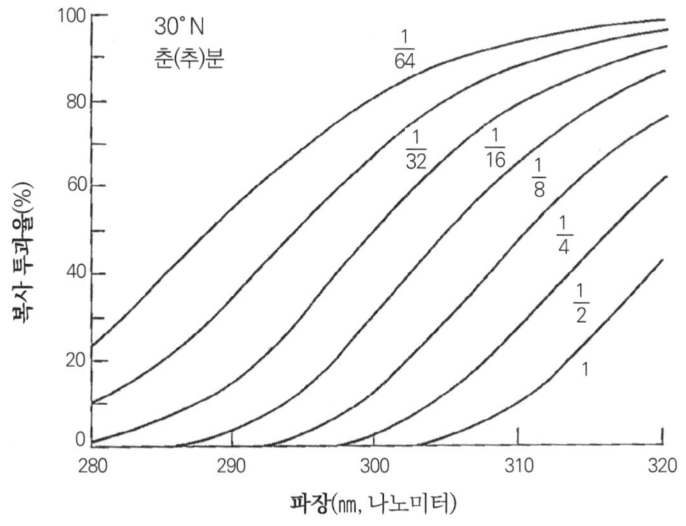

그림 38 오존 전량 감소에 따른 UVB 투과율 증가(숫자는 현재 오존 전량을 1로 함.)

위도에서 3.0배 정도이다. 지구 전체의 평균값으로 2배의 값을 채용하면, 예를 들면 오존 전량이 10%가 감소한 경우, 세계적 평균으로 지상의 UVB가 약 20%가 증가하게 된다.

2. 자외선이 식물과 동물에 미치는 영향

자외선이 식물에 미치는 영향 가운데 가장 잘 알려진 것은 광합성에 대한 작용이다. 식물 잎에 UVB를 쬐면, 일반적으로 엽록소가 감소해 광합성이 억제되고, 그 결과 대부분의 식물에서 성장 장애가 나타난다. 또한 발육이 충분히 이루어지지 않아 덩굴 모양으로 변형되는 경향이 있다. 그러나 이 때문에 식물이 바로 말라죽는 것은 아니다. 농작물 생산에서 자외선의 영향은 식물 종류에 따라 달라진다. 예를 들어 잎을 먹는 시금치는 광합성이 약해지면 수확량이 직접적으로 줄어드는 반면, 옥수수처럼 열매를 먹는 작물은 열매의 성장 자체가 크게 억제되지는 않는다.

식물 성장에 대한 UVB의 저해 효과는 가시광선이 있는 경우는 어느 정도 완화된다. 따라서 가시광선이 상대적으로 적은 실내 실험 결과를 그대로 적용해 야외에서의 농작물 수량 변화를 추정하는 것은 적절하지 않다. 야외 실험에서는 토양 조건, 습도, 다른 대기 오염 물질의 영향 등 다양한 요인이 작용하므로 해석에 주의가 필요하다. 그럼에도 일반적으로 지표에 도달하는 UVB가 증가하면 농작물 수량에 일정한 영향이 나타날 가능성이 있다고 볼 수 있다. 그러나 식물이 UVB에 대해 보이는 감수성이나 저항성은 종류에 따라 큰 차이가 있다. 그러므로 UVB의 증가는 다양한 식물 사이의 경쟁 관계에 영향을 미쳐 생태계에 큰 영향을 일으킬 가능성이 있다. 어떤 식물이나 농작물이 UVB에 대해 높은 저항성을 가지는지 밝히는 것은 앞으로의 중요한 연구 과제이다.

UVB의 증가는 식물성 플랑크톤의 광합성을 억제해 그 발육을 저해하고, 이를 먹이로 삼는 다양한 수중 동물에도 영향을 미친다. 새우나 게의 유충 사망률이 증가한다는 보고가 있으며, 굴을 비롯한 주요 해산물에도 피해가 나타날 가능성이 제기되고 있다. 반면 착색세균의 일부 종처럼 UVB에 대한 저항력이 강한 생물은 살아남을 비율이 크다. 어른 물고기에 대한 실험은 아직 충분히 이루어지지 않았다.

육상 동물에 대해서도 실험 자료는 많지 않지만, UVB가 증가하면 소에서 눈 암 발생률이 높아지고 수명이 짧아진다는 보고가 있으며, 돼지의 경우 햇빛에 의한 피부 손상이 더 쉽게 나타난다는 보고도 있다. 이 밖에 곤충에 미치는 영향 등은 아직 밝혀지지 않은 부분이 많다.

3. 인체에 미치는 영향

피부암의 증가

자외선이 인체에 미치는 영향 가운데 긍정적인 면으로는 비타민D의 합성을 촉진해 '구루병' 발생을 줄여주는 효과가 있으며, 다양한 피부 질환의 치료나 의료 기구의 소독·살균에도 활용되고 있다. 또한 오존은 악취를 흡수하는 성질이 있어, 사람이 없는 야간에 공중화장실 등에서 적당량을 사용해 악취를 제거하는 데 이용할 수도 있다.

다른 한편으로 자외선이 유발하는 피부 장애도 다양하다. 많은 양의 자외선에 노출되면 표피 세포 전체에 여러 가지 손상이 발생하여 세포 증식 능력이 저하되고 면역성이 감퇴한다. 또한 피부암이나 백내장의 발생률이 증가하는 등의 이상이 나타날 수 있다.

자외선에 의한 세포 손상은 생물의 유전자 구성 물질인 디옥시리보핵산(DNA)이 자외선으로부터 직접적인 손상을 받기 때문이라고 여겨진다. 〈그림 39〉에 보이는 것처럼 DNA는 오존과 마찬가지로 260㎚ 부근의 자외선을 강하게 흡수한다. 따라서 성층권 오존이 이러한 태양 자외선을 흡수하지 못해 지상까지 도달하게 된다면, DNA가 그것을 흡수해 분해되거나 파괴될 수 있다. 이처럼 성층권 오존은 지상 생명에 본질적으로 필요한 DNA를 태양 자외선에 의한 파괴로부터 지켜주고 있다. 오존과 DNA가 거의 같은 파장대의 자외선을 흡수한다는 사실은 자연의 정교함을 느끼게 한다.

인간의 피부 염증(햇볕에 피부가 타는 것)이나 피부암 발생률에 가장 크게 영향을 미치는 것은 UVB 중에서도 중간쯤 되는 주로 305~310㎚ 부근의 자외선 세기의 변화이다.

피부암은 크게 두 가지 유형으로 나눌 수 있다. 비악성 피부암은 장시간 UVB에 노출된 부위에서 서서히 성장하며, 특히 노인에게 흔하게 나타난다. 발생률은 악성 피부암보다 약 100배나 높지만, 치료가 잘 이루어지고 사망률도 낮은 편이다. 반면 악성 피부암은 급속히 성장해 다른 기관으로의 전이가 쉽다. UVB에 직접 노출되지 않은 피부에도 발생할 수 있으며, 젊은 층에서도 비교적 자주 나타난다. 비록 발생률은 낮지만 사망률은 높아 40%에 이른다.

자외선에 의한 피부암 발생률은 자외선의 세기와 피부가 자외선에 노출되는 시간에 비례한다. 일반적으로 저위도에서는 태양 고도가 높아 자외선이 거의 수직에 가깝게 입사하며, 오존 전량도 고위도보다 적어 성층권 오존에 의한 흡수가 상대적으로 약하다. 따라서 지표에 도달하는 UVB

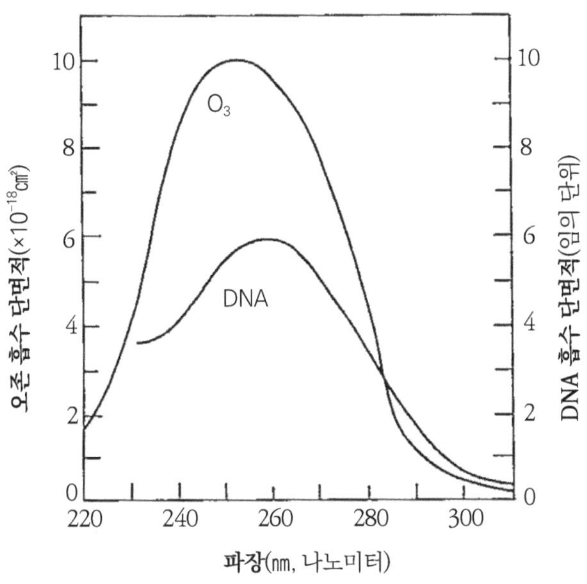

그림 39 오존과 DNA의 흡수 단면적 스펙트럼

가 더 강하고, 그만큼 피부암 발생률도 높아지게 된다.

미국에서는 매년 수십만 명의 피부암 환자가 발생하며, 특히 자외선이 강한 남부 지방에서 그 발생률이 높다. 북아메리카의 피부암 발생률을 위도별로 나타내면 〈그림 40〉과 같으며, 악성·비악성 피부암 모두 위도에 따른 변화가 뚜렷해 저위도일수록 많이 발생하고 있다.

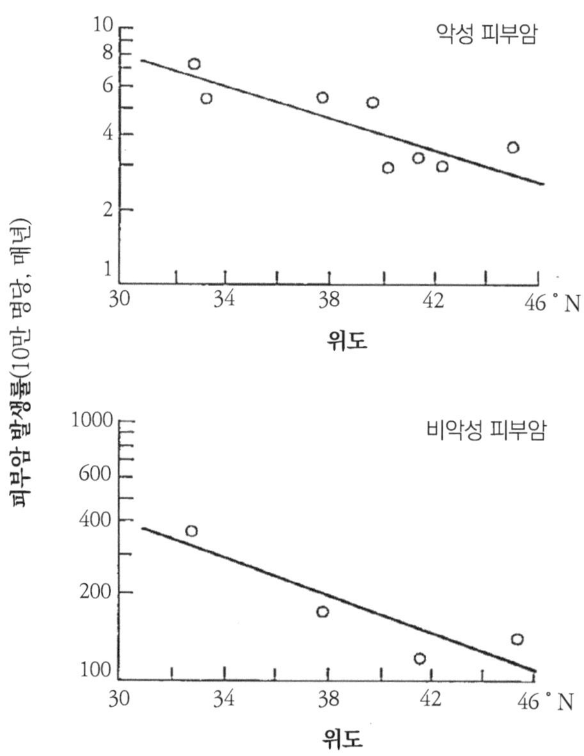

그림 40 북아메리카 지역의 피부암 발생률의 위도별 분포

136

피부암 발생률은 지리적 차이뿐 아니라 인종적 배경과 생활환경에 따라서도 크게 달라진다. 일반적으로 유색 인종은 피부의 멜라닌 색소가 UVB를 흡수하기 때문에 백색 인종보다 피부암 발생률이 두드러지게 낮다. 생활환경에 따른 차이도 뚜렷해, 야외에서 장시간 활동하는 노동자나 야외 스포츠 활동이 많은 사람들은 햇빛 노출 시간이 길어 피부암 발생률이 높다는 사실이 알려져 있다.

노르웨이와 스웨덴을 비롯한 북유럽 국가들에서 피부암 발생률이 근래 들어 눈에 띄게 증가하고 있어, 성층권 오존 감소의 영향이 아닌가 하는 의문이 제기되고 있다. 확실히 햇빛이 약한 이들 나라에서는 사람들이 야외에 나가 일광욕을 즐기는 시간이 길어진 것과도 관련이 있을 수 있다. 특히 최근에는 개방적인 사회 분위기의 영향으로 젊은 남녀가 해변이나 야외에서 적극적으로 일광욕을 하는 모습을 자주 볼 수 있다.

어쨌든 야외에서 직접 햇빛에 노출되는 기회가 많아지면 피부암 발생률이 높아지는 것은 분명한 사실이다.

성층권 오존 감소로 인해 피부암이 증가하는 등의 피해를 방지하기 위해 프레온 규제를 대신할 대안이 없겠느냐는 논의가 백악관에서 이루어졌을 때, 어떤 미국 고위 관계자가 "옷으로 완전히 몸을 싸고 선글라스를 쓰면 된다"는 제안을 내놓은 일이 있었다. 이에 대해 언론에서는 "물고기에게 어떻게 안경을 씌우는가?"라고 비판하며 그 발언을 조롱한 적이 있다.

성층권 오존 감소로 인해 피부암이 어느 정도 증가하는지에 대한 수량적 관계는 아직 최종적으로 결론이 내려진 단계는 아니다. 그러나 하나의 기준으로 앞에서 언급했듯 성층권 오존이 10%가 감소해 지상의 UVB가 20%가 증가하는 경우, 악성 피부암은 30%, 비악성 피부암은 40% 정도 증가할 것이라고 한다.

또한 예전부터 해안이나 산에는 오존이 많아 건강에 좋다는 이야기가 있었고, 오늘날에도 분양지 광고에서 가끔 그런 문구를 볼 수 있다. 그러나 이러한 생각이 잘못되었다는 것은 도시의 광화학 스모그를 일으키는 주범이 자동차 배기가스가 광화학 반응을 통해 만드는 오존이라는 사실만 보아도 분명하다. 이런 사실이 거론되는 것은 해안이나 산에서는 먼지가 적어 공기가 깨끗하고 직사 일광(자외선과 가시광선을 포함)이 강하기 때문이다. 평소 공기가 탁하고 햇빛이 비치지 않는 도시에서 생활하는 사람이 교외에서 햇빛을 쬐면 건강에 좋다고 느끼는 것도 이런 배경에서일 것이다. 그러나 아무리 일광욕이 좋다고 해도, 지나치게 햇빛을 받으면 피부가 과도하게 타서 좋지 않다는 것은 해수욕이나 등산을 해본 사람이라면 누구나 알고 있다.

최근 일본에서 유행하는 '일광욕 살롱'에서도 특히 유해한 UVB를 제거한 자외선을 사용해 서서히 피부를 태우는 방식이라면 큰 문제가 없지만, 자외선을 지나치게 강하게 또는 갑작스럽게 대량으로 쬐는 것은 바람직하지 않다.

4. 공룡 절멸과 어떤 관련이 있는가?

우주선과 성층권 오존

태양에서는 자외선과 같은 전자기파뿐 아니라 프로톤(전하를 띤 수소 원자)이나 일렉트론(전자)과 같은 하전 입자도 지구로 방출된다. 평상시에는 이들 입자의 에너지가 그다지 높지 않아 중층 대기까지 깊이 침입하지 못하지만, 태양면에서 폭발이 일어날 때에는 매우 높은 에너지를 지닌 입자가 발생한다. 이처럼 태양에서 방출되는 고에너지 입자를 태양 우주선이라고 하며, 이는 태양 흑점 부근의 강한 자기장 변동으로 가속된 것이다. 1,000만eV의 에너지를 가진 우주선 입자가 대기의 바로 위에서 침입하는 경우는 대략 60㎞ 높이까지 들어올 수 있다. 30㎞의 성층권에 이르는 데는 1억eV의 에너지를 필요로 한다. 또한 지표면에 도달할 수 있는 것은 10억eV 이상의 고에너지를 지닌 입자에 한정된다. 태양 우주선의 경우 수천만eV보다 큰 에너지가 되는 것은 드물지만, 뒤에서 설명할 은하 우주선(銀河宇宙線)은 충분히 높은 에너지를 지녀 지표면까지 도달하는 입자들이 지구에 지속적으로 쏟아지고 있다.

고에너지 우주선이 질소 분자와 충돌하면 이온화가 일어나 질소 분자의 이온이 생긴다. 이 이온이 일렉트론과 재결합해 전하를 잃을 때, 질소 분자 두 개가 생기며 이 과정에서 질소 산화물이 만들어진다. 이러한 방식으로 태양 우주선에 의해 만들어지는 질소 산화물은 보통 중간권보다 높은 고도에서 형성되지만, 태양면에서 큰 폭발이 일어날 경우에는 매우 높은 에너지를 지닌 태양 우주선이 나오기 때문에 성층권에서도 질소 산화물이 만들어질 수 있다. 이는 성층권 오존을 감소시키는 원인이 되기도 한다.

우주선은 전하를 띠고 있기 때문에 지구로 침입할 때 지구 자기장에 의해 경로가 휘어지며, 그 결과 오로라가 발생하는 고위도 지역으로 들어가게 된다.

지구는 북극과 남극 부근에 자기극을 가진 거대한 자석과 같은 구조로 되어 있다. 그 원인은 지구 중심의 핵에서 일어나는 유체 운동(실제로는 고체이지만, 고압 아래에서 장시간에 걸쳐 보면 유체처럼 움직인다)에 있다. 이 운동은 때때로 역전해 지구의 남북 자기극이 역전하는 일이 발생한다. 이러한 자기극 역전의 과도기에는 지구 자기의 방향성이 상실되어 그 세기도 약해지므로, 우주선을 고위도에서 휘게 하는 힘이 약화되어 하층 대기까지

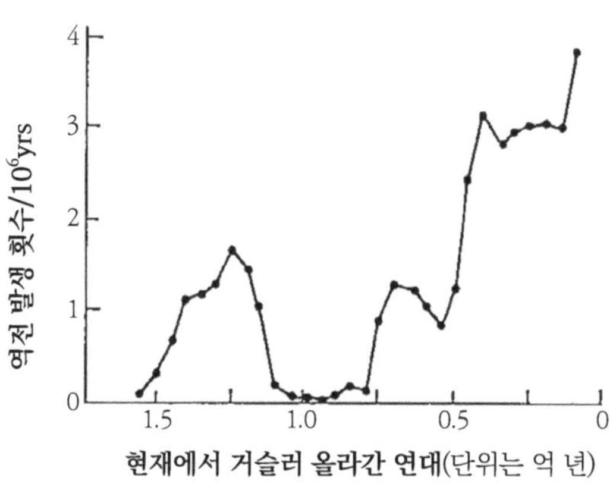

그림 41 각 지질 연대별 지구 자기 역전 발생 횟수

연대	기	기간	생물의 발전상황
선캄브리아기		6~46억 년 전	원시 무척추동물 세균 등 서식(30억 년 전)
고생대	캄브리아기	5~6억 년 전	삼엽층 얕은 바다에서 서식 초기의 화석 발견
	오르도비스키	4.4~5억 년 전	기후 온화 최초의 수중 식물 출현 바다속에 산호류 풍부
	실루리아기	4~4.4억 년 전	얕은 바다에 해조류 번성 최초의 육생 식물 출현
	데본기	3.5~4억 년 전	담수어의 발전 양서류의 증가 곤충의 번식
	석탄기	2.7~3.5억 년 전	양서류의 전성 시대 겉씨식물의 출현 파충류의 출현
	페름기	2.25~2.7억 년 전	해수 · 담수생 풍부 조산 운동이 완성하게 됨 양서류의 태반이 소멸
중생대	트리이아스기	1.8~2.25억 년 전	세계적 사막 시대 파충류의 증가
	쥐라기	1.35~1.8억 년 전	파충류의 전성은 파충류의 전성 시대 원시 조류 출현
	백악기	7,000만 년~ 1.35억 년 전	현화식물 · 조류의 증가 공룡과 전성과 절멸 암모나이트, 해룡의 절멸
신생대	제3기	300만 년~ 7,000만 년 전	현화식물의 완성 포유류의 발전 매머드의 융성과 사멸
	제4기	현재~ 300만 년 전	포유류의 번식 인류의 등장(50만 년 전)

표 4 지질 시대와 생물의 발전 및 소멸 상황

우주선이 침입할 수 있게 된다. 과도기라 해도 수천 년에 걸쳐 지속되므로, 이 기간 중에 태양에서 큰 폭발이 일어나면 전 세계적으로 성층권 오존이 감소하여 유해한 자외선이 지상에 도달하게 된다.

지금까지 지구 자기의 역전이 어느 정도의 비율로 일어났는지를 보면, 〈그림 41〉에서 알 수 있듯이 약 7,500만 년에서 1억 1,000만 년 전 사이에는 거의 역전이 일어나지 않았고, 그 뒤에 갑자기 빈번히 일어났음을 알 수 있다. 역전이 거의 일어나지 않았던 이 시기는 중생대 백악기 공룡이 전 세계에서 번성하며 전성기를 누리던 시대에 해당한다.

〈표 4〉에는 여러 지질 연대에서 생물이 발전한 상황을 보였는데, 고생대 석탄기에 나타난 '파충류'는 중생대로 들어서면서 더욱 발전하고 번성하여, 쥐라기에 전성시대를 맞이한다. '파충류'의 한 갈래인 공룡은 초기에는 닭 크기 정도였으나 점차 대형화되었고, 큰 것은 길이 30m, 무게 30~40t에 이르는 것까지 나타났다. 백악기에는 공룡이 전 세계에 서식하며 마치 영원히 지구의 지배자가 될 것처럼 보였다. 그런데 백악기 말기에 이르러 갑자기 전 세계에서 모습을 감추고 절멸하고 말았다(〈그림 42〉).

공룡 절멸의 원인으로는 여러 가설이 제기되어 왔다. 예를 들어 지각 변동으로 인해 육지와 바다의 분포가 변하고, 거기에 기후의 대변화가 일어났기 때문이라거나, 소형동물이 늘어서 공룡의 알을 모두 먹어 치웠기 때문이라거나, 역병이 유행했기 때문이라거나 여러 가지로 거론되고 있는데 모두 단기간에 전 세계에서 모든 공룡이 사라진 사실을 설명하는 데는 적당하지 못하다. 이 때문에 지구 외부에서 단번에 전 지구를 휩쓴 어

그림 42 백악기에 전 세계에서 번성했던 공룡도 성층권 오존 변화로 절멸했을까?

떤 재난이 있었다는 '외인설(外因說)'이 한층 설득력 있는 가설로 주목받아 왔으며, 과거에는 우주선의 급증으로 인해 공룡이 방사선 피해를 입었다는 주장도 제기된 바 있다.

앞서 살펴본 것처럼, 백악기 말기에는 지구 자기 역전이 갑자기 빈번해졌다. 이러한 시기에 거대한 태양면 폭발이 발생했다면 성층권 오존이 전 지구적으로 감소해 공룡 절멸을 불러일으켰을지도 모른다. 나아가 성층권 오존을 더욱 크게 감소시킬 수 있는 요인으로는, 태양면 폭발보다도 훨씬 높은 에너지를 지닌 은하 우주선의 영향을 생각해 볼 수도 있다.

은하 우주선은 밤낮의 구별이 없이 우주의 먼 곳에서 끊임없이 지구로 쏟아지는 고에너지 입자로 아주 강력한 것들은 지표 아래 깊숙이까지 관통하기도 한다. 평상시에는 그 양이 적으므로 성층권 오존에 영향을 주지는 않지만, 초신성(超新星)이 폭발하는 때에는 막대한 양의 고에너지 입자가 사방으로 방출되므로 성층권 오존에 영향을 미칠 가능성이 있다. 초신성 폭발 후 그 주변에서 계속해서 발생되는 방사성 물질은 은하 우주선(보통은 단순히 우주선이라 한다)의 기원으로 여겨지고 있다. 이러한 폭발은 우주 어디에서나 평균 600년에 한 번꼴로 일어나며, 추정에 따르면 약 1억 년에 한 번은 태양계 근처(32.6광년의 거리 이내)에서 일어날 수도 있다고 한다. 그렇다고 하면 지구는 그 후 수백 년 동안 우주선의 이상 증가를 만나게 된다.

〈표 4〉를 보면 고생대에서 중생대로 바뀌는 직전인 페름기에 양서류 태반이 사멸하는 이변이 일어났음을 알 수 있다. 또한 신생대의 제3기 말기에는 매머드가 절멸했다. 이들 현상을 모두 성층권 오존 변화의 결과라

고 단정할 수는 없지만, 이러한 가설은 오존층과 지상 생명 사이의 관계를 시사하는 흥미로운 추론으로 볼 수 있다.

공룡 절멸을 둘러싼 학설은 최근 더욱 다양하게 제기되고 있다.

캘리포니아대학교 버클리 캠퍼스의 앨버레즈(L. W. Alvarez)는 1980년에 아이슬랜드와 이탈리아의 백악기 지층에서 지구에서는 매우 희귀한 이리듐이 이상적으로 고밀도로 발견된 데서, 이 시대에 거대한 운석 또는 유성이 이 지점에서 지구에 충돌한 흔적이라고 보았다. 그 충돌로 인해 막대한 양의 분진이 대기 중으로 치솟았고, 그 대부분이 성층권까지 도달해 수년 동안 전 세계를 뒤덮었기 때문에 태양광이 지표까지 전달되지 못해 광합성이 중단되었을 것이라고 추정했다. 이로 인해 지구의 식량 공급 고리가 완전히 붕괴했고, 특히 공룡과 같이 거대한 체구를 가진 동물들은 장기간 지속된 식량 부족, 빛의 차단, 극심한 저온 환경에 극도로 취약해 결국 절멸했을 것이라는 설명이다.

그러나 이러한 '외인설'만으로는 설명하기 어려운 점도 몇 가지 존재하는 것이 사실이다.

예를 들어 생물 절멸의 다양성이나 공룡 절멸이 몇 년 사이에 일어난 것이 아니라 상당히 긴 기간에 걸쳐 진행되었다는 점 등은 외인설로는 충분히 설명하기 어렵다. 이런 점에서 지구의 내부 활동, 특히 활발한 화산 활동으로 아황산가스(SO_2)나 염화수소(HCl) 등의 가스나 화산재가 대량으로 대기 중에 분출했다고 보는 '내인설(內因說)'이 좀 더 설득력을 지닐 수 있다. 화산 활동의 격화는 오랜 기간 지속될 수 있으며, SO_2는 산성비를 일어나게 하고, HCl은 성층권에 도달해 오존층을 파괴하는 등 다양한 영향을 일으키므로 생물 절멸의 다양성을 설명하는 데도 적합하다.

백악기에서 제3기로 넘어가는 시기의 화산 활동은 실제로 상당히 심했던 것 같다. 최근의 발견에 따르면 인도 서부의 데칸트랩(Decean Trap)이라 불리는 거대한 현무암 대지는 오랜 침식을 거친 현재에도 일본 혼슈(本州)의 약 두 배에 이를 정도로 광대한 규모를 갖고 있다. 정확한 연대 측정 결과, 겨우 100만 년 사이에 분출되어 생겼다는 것이 알려졌다. 이러한 초대규모 화산 분화는 분진을 다량으로 대기 중에 뿜어 올리므로 거대 운석 충돌과 유사한 환경적 효과를 일으켰을 것으로 예상된다. 또한 이와 같은 거대한 화산 활동에서도 이리듐 농축이 발생할 수 있음을 시사하는 증거로도 받아들여지고 있다.

이처럼 1980년대에 들어 한때 확실한 것으로 여겨졌던 '거대운석 충돌설'도 최근 제기된 '초대규모 화산 활동설'의 등장 이후 반드시 확정적이라고 보기는 어려워졌다. 결국 공룡 절멸의 진짜 원인은 아직 분명히 밝혀지지 않은 상태에 있다.

5. 오존층의 진화

앞서 언급했듯이, 초기 지구의 대기는 지하 깊은 곳에서 분출된 화산 가스로 이루어져 있었기 때문에 그 속에 오존이 없었다는 것은 명백하다. 오존 생성의 바탕이 되는 산소 분자도 화산 가스에는 함유되어 있지 않았다. 산소는 식물의 광합성 과정에서 엽록소가 태양의 가시광선을 흡수해 물과 이산화탄소로부터 탄수화물(당류)을 만들 때 부산물로 생성된다.

광합성은 바닷속 플랑크톤과 같은 조류에서도 일어나므로 오존층이 형성되지 않아 육상 식물이 발달하지 못하던 시기에도 이러한 해양 조류로부터 산소 분자가 발생했을 것이다. 바닷물은 태양 자외선을 흡수하므로, 어떤 깊이보다 깊은 곳에서는 생물을 위험한 태양 자외선으로부터 지킬 수 있다. 이러한 조건 속에서 최초로 광합성을 수행한 것으로 여겨지는 조류의 미화석(微化石)이 30억 년이나 오래된 지층에서 발견되고 있다(〈표 4〉 참조).

현재 지구에서 광합성으로 생산되는 산소 분자의 양은 매년 2.66×10^{11}t에 이르며 현재의 대기 중의 산소 분자량($1.18 \times ^{15}$t)을 400년 남짓한 기간에 생산할 수 있는 규모다. 산소가 동물의 호흡 작용으로 이산화탄소로 되돌아가거나, 여러 물질을 산화하는 데 사용되어 소모되는 점을 고려하더라도, 산소 분자는 지구 나이에 비하면 매우 짧은 기간에 현재 수준까지 도달했으며, 이후로는 거의 증감 없이 평형을 유지해 온 것으로 생각된다. 적어도 과학적 측정이 시작한 이래 대개 중의 산소 분자의 수준이 변화했다는 증거가 없다.

지구 역사 초기에 산소 분자가 늘어나 어느 정도의 오존층이 생기면 바다에서만 살 수 있었던 생물이 육상에서도 살 수 있게 되었다. 따라서 최초의 육생 식물이 등장한 약 4억 년 전(〈표 4〉 참조)에는 대기 중 산소 분자의 양이 상당한 정도에 이르렀다고 생각된다. 산소 분자의 양을 현재의 10분의 1씩 감소시켰을 때 오존 밀도의 분포가 어떻게 변하는지를 모델로 계산한 결과가 〈그림 43〉에 제시되어 있다. 지구 초기에는 수증기나 메탄 등의 양도 현재와 상당히 달랐을 것으로 보이지만, 이 모델에서는 변화시키지 않았으므로 지구 초기 상태를 반드시 올바르게 나타내고 있다고는 할 수 없지만, 산소 분자가 1,000분의 1이 되면 오존량이 갑자기 적어지는 것을 알 수 있다.

지상의 생물이 살아갈 수 있는 극한의 오존량을 현재의 오존량의 10분의 1 정도라고 하면, 오존이 그 정도의 양이 되는 것은 산소 분자가 현재의 1,000분의 1(10^{-3}) 정도 이하일 때라는 것을 〈그림 43〉에서 알 수 있

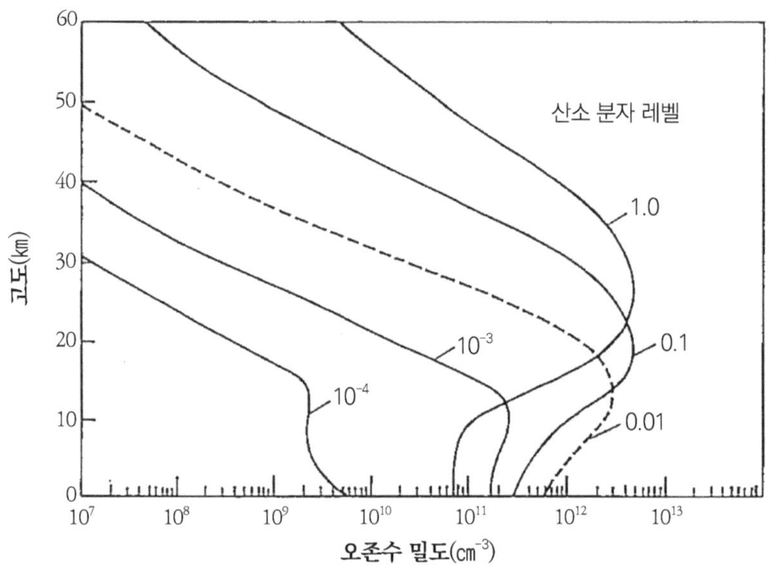

그림 43 산소 분자량이 현재의 대기보다 적은 경우의 오존 밀도 분포(1은 현재 대기인 경우)

다. 산소 분자가 이러한 값에 이른 시기는 정확히 알려져 있지 않지만, 화석 연구 등을 바탕으로 대략 10억에서 30억 년쯤 전이라고 추정된다. 그 이후 산소 분자 수준은 급속히(10억 년 전에는 서서히) 불어나서 현재 값에 이르렀을 것으로 여겨진다.

6. 화성 대기에도 오존이 존재한다

현재 지구 이외에 행성에서 오존의 존재가 관측된 곳은 화성뿐이다. 화성 대기에는 산소 분자가 겨우 0.15%밖에 없지만 95%를 차지하는 이산화탄소(CO_2)가 해리로 산소 원자가 생성되므로 오존이 생긴다.

화성은 지구에 비해 반지름이 약 절반, 질량이 10분의 1로 상당히 작은 행성이므로 대기량도 적다. 화성 표면의 평균 온도는 섭씨 −70℃ 정도로 매우 낮고, 대기의 주성분인 이산화탄소가 극지방에서 드라이아이스 형태로 대량 빙결해 있으므로 대기는 엷고 표면 기압은 10mb 정도이다. 이는 지구 대기에서 고도 약 30㎞에 해당하는 수준이다. 그러므로 기압만 놓고 말하면, 화성 표면은 마치 지구 성층권과 비슷하며, 오존도 화성 표면 가까이에 비교적 많이 존재한다. 또한 화성 오존의 대부분은 고위도에 있고, 더욱이 겨울 고위도에서는 여름의 고위도의 100배나 많이 관측되고 있다. 그러나 화성 오존의 양은 가장 많을 때조차 지구의 약 100분의 1에 불과하므로, 오존이 화성 대기를 가열하는 데에는 사실상 기여하지 않는다. 이 때문에 지구와 같은 성층권도 화성에는 형성되지 않는다.

화성의 오존량이 크게 변하는 계절적·위도적 차이는 수증기 변화와 밀접한 관련이 있다. 겨울철 고위도에서는 기온이 섭씨 −100℃ 이하로 떨어지기 때문에 이산화탄소와 수증기가 얼어 드라이아이스나 얼음이 된다. 그 결과 지구에서 바라보면 화성의 극지방이 흰 모자를 쓴 듯한 모습으로 보이게 된다(〈그림 44〉 참조). 이 때문에 겨울의 고위도 대기는 극도로 건조해 수증기가 거의 존재하지 않으며, 오존을 촉매 작용으로 작용하는 수소 산화물이 거의 생기지 않는다. 그런데 여름 고위도에서는 일사가 강해 얼음이 녹고, 그 과정에서 발생한 수증기가 증가한다. 이 수증기가 태양 자외선 작용에 의해 분해되면서 수소 산화물이 생성되고, 이 촉매 작용으로 인해 오존량은 크게 줄어든다.

화성의 오존이 저위도에서는 거의 없고 고위도에서만 볼 수 있는 것도, 일반적으로 저위도 지역은 온도가 높고 수증기량이 많기 때문이다. 화성의 수증기량은 지구 성층권과 비슷한 수준으로 매우 적음에도 불구하고, 화성 오존의 큰 계절 변화와 위도 변화가 수증기량과 뚜렷한 역상관 관계를 보인다는 사실은, 수소 산화물에 의한 오존 소멸의 촉매 작용이 얼마나 효율적으로 일어나는지를 잘 보여준다.

화성에서는 기압이 낮기 때문에 태양 자외선의 대부분이 표면까지 도달한다. 따라서 지구에서 볼 수 있는 형태의 생물은 화성 표면에서 살 수 없으며, 바다가 존재하지 않기 때문에 지구 초기의 해양에서 발전한 생물과 같은 종류도 존재할 수 없음은 분명하다. 이러한 사실은 1977년, 미국 건국 200주년을 기념해 수행된 우주탐사선 '바이킹호'의 화성 탐사 결과

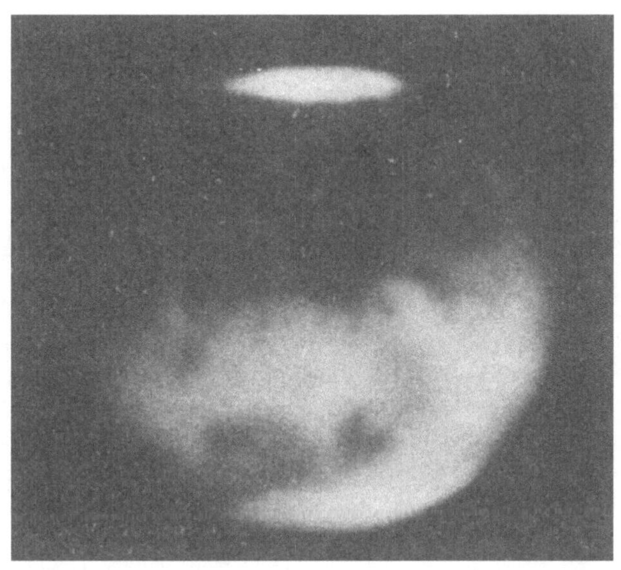

그림 44 화성의 겨울 극지방은 드라이아이스와 얼음으로 하얗게 덮여 있다[교토대학 하나야마 천문대, 이와자키(岩崎恭輔) 씨 제공]

에서도 확인되었다.

바이킹호는 화성 궤도에 진입한 뒤, 화성 표면의 두 지점에 탐사 장치를 착륙시켜 각 지역의 토양을 조사했으나 어떠한 생물 활동도 발견하지 못했다. 그러나 〈그림 45〉에서 볼 수 있듯이 화성 표면에는 과거에 강이 흘렀던 흔적이 남아 있으며, 현재도 표면 아래 깊은 곳에는 수분이 존재할 가능성이 있다. 따라서 장기적으로는 어떤 형태로든 생명이 존재할 가능성을 부정할 수는 없다.

현재 계획 중인 미국과 소련의 공동 화성 탐사에서는 로봇을 이용해

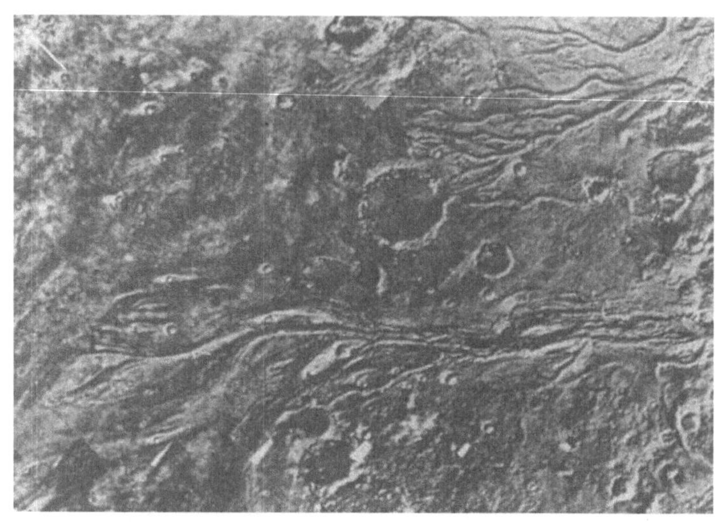

그림 45 과거 화성 표면에는 강이 흐르던 흔적이 있다.(화성 탐사선 바이킹호의 근접 촬영, 약 300㎞ 사방 영역을 나타냄.

화성 표면을 광범위하게 이동하며 관측할 예정이므로, 가까운 장래에 어떤 형태로든 생명의 흔적이 화성에서 발견될 가능성도 있다.

10장

오존층 감소는 기후에 어떤 영향을 주는가?

1. 대기의 열수지는 어떻게 되어 있는가?

1년이라는 긴 주기로 되풀이되는 대기 상태를 기후라고 한다. 이에 비해 하루나 일주일처럼 짧은 시간의 대기 상태를 날씨 또는 일기라고 부른다. 날씨는 보통 한정된 지역에 사용되는데, 기후는 상당히 넓은 영역을 대상으로 사용되는 일이 많다. 여기에서 우리가 다루고자 하는 것은 지구 전체의 기후 변화이다.

기후를 결정하는 요소에는 일조(日照)·일사(日射)·기온·습도·구름·강수량·기압·바람 등 여러 가지가 있다. 이 가운데 대기의 가열과 냉각을 좌우하는 열수지가 가장 중요한 요소이며, 기온이나 기압 분포, 지역적 차이에서 생기는 바람 등도 결국 대기의 정량적 가열률(가열률에서 냉각률을 뺀 것)이나 그 불균일한 분포에 의해 생긴다. 즉 지구 규모의 기후 분포는 지구 표면과 그것을 둘러싸는 대기의 열수지 결과로 생기는 것이다.

지구를 데우는 궁극적인 열원(熱源)은 태양에서 오는 열복사이며, 그 세기는 약 6,000K의 고온에서 방출되는 흑체 복사에 해당한다. 이 복사는 〈그림 7〉에서 볼 수 있듯이 청색 부근의 비교적 파장이 짧은 가시부에서 가장 세기 때문에 단파복사(短波輻射)라고 부른다. 태양에서 오는 이 단파복사가 지표와 대기의 열수지에 어떻게 관여하는지를 나타낸 것이 〈그림 46〉이다.

입사한 단파복사 에너지를 100이라고 할 때, 이 중 26은 지구 표면에 도달한다. 그러나 그 가운데 4는 반사되어 우주 공간으로 되돌아가므로

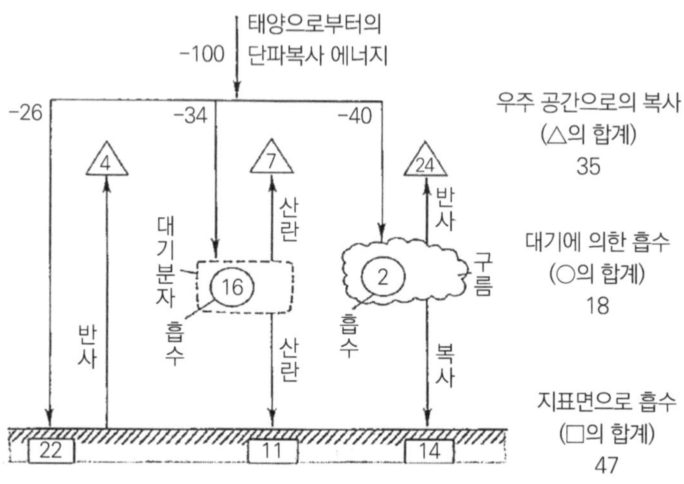

그림 46 지구의 열수지(태양의 단파복사에 의한 부분)

실제로 지면에 흡수되어 직접 지표면을 데우는 에너지는 22가 된다. 대기 중에서는 공기 분자와 에어로졸 입자와의 상호작용에 34의 에너지가 사용되는데, 그중 16은 대기에 흡수되고 나머지는 대기로 산란되어 11은 지표면으로, 7은 우주 공간으로 복사된다. 구름에는 가장 많은 에너지인 40이 쏟아지는데, 그중 24는 우주 공간으로 반사되고 14는 지면으로 향해 복사된다.

그리고 구름 자체에 흡수되는 에너지는 겨우 2에 불과하다. 이 모든 과정을 종합하면 처음의 100인 에너지 가운데 지면에 흡수되는 에너지는 〈그림 46〉의 사각 부분에서 총 47이 되고, 대기와 구름이 흡수하는 양은 ○표로 나타낸 18이다. 또한 삼각형으로 표시된 에너지의 합계 35는 우주 공간으로 되돌아간다. 즉 35%의 에너지가 우주 공간으로 반사되어 빠져나간다는 뜻이다. 이를 지구의 알베도(albedo, 반사능)가 35라고 한다. 알베도는 우주 공간에서 본 지구의 밝기를 나타내는 것으로, 구름 두께와 분포, 극지방의 얼음 확대 따위에 따라 달라진다.

태양 복사의 세기는 크지만, 지구가 태양으로부터 먼 거리에 있으므로 지구에 도달하는 태양 복사의 세기는 상당히 약해져 있다. 이에 대해서 지구 표면이나 대기 자체로부터의 복사는 거리에 의한 약화가 없으므로 지구상에서는 그들의 복사에 의한 에너지 쪽이 태양으로부터의 복사보다 커진다. 지표면이나 대기 온도는 250~300K 정도로 태양면에 비해 두드러지게 낮고, 거기로부터의 복사는 파장이 긴 근적외부(5~15㎛)에서 가장 강하게 되므로 장파복사 또는 적외복사(赤外輻射)라고 부른다. 여러 온도에

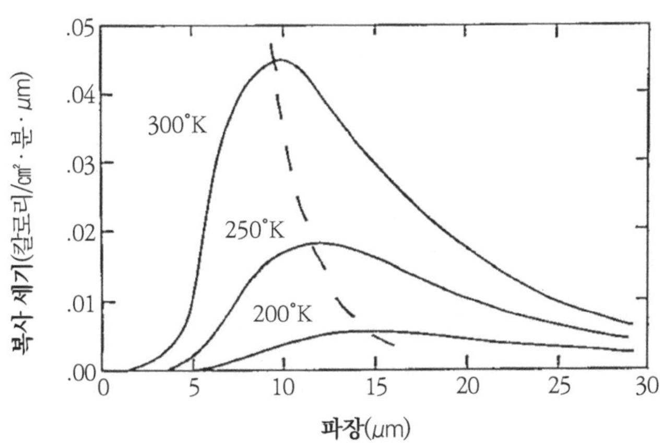

그림 47 지표면 및 대기의 여러 가지 온도에서의 장과 복사의 스펙트럼

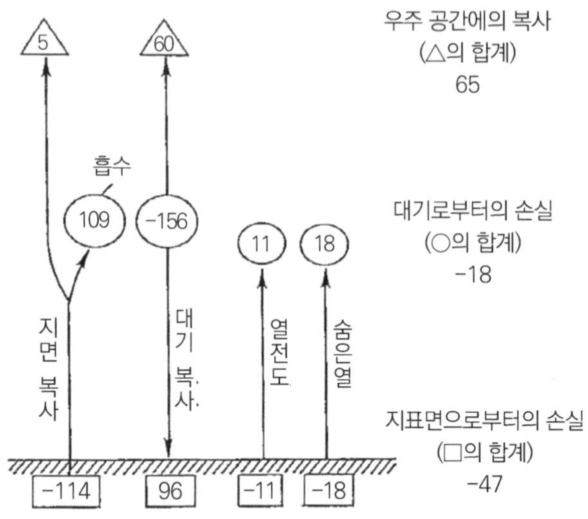

그림 48 지구의 열수지(지구의 장파복사에 의한 부분)

서 나타나는 장파복사 스펙트럼을 〈그림 47〉에 제시되어 있다.

지구의 장파복사가 대기의 열수지에 어떤 영향을 미치는지는 〈그림 48〉에 나타나 있다. 지표면에서는 114의 적외복사가 방출되며, 대기에서는 이보다 큰 156의 적외복사가 발생한다. 그중 96은 다시 지표로 복사되어 지구를 따뜻하게 유지하는 데 사용되고, 위쪽에 복사되어 우주 공간으로 상실되는 60은 상층 대기를 냉각시키는 역할을 한다. 그 외에 지표에서 대기로 운반되는 열에는 열전도에 의한 11과 수증기 응결에 의한 숨은열 18이 있다. 이들을 종합하면 우주 공간에 복사되는 장파복사의 에너지는 65가 되며, 앞에서 말한 우주 공간으로 반사되는 단파복사(알베도)의

35와 합쳐 정확히 100이 되어, 대기 상단에서의 열수지가 균형을 이룬다. 또한 대기나 지표면에서의 장파복사 에너지 수지는 〈그림 48〉의 사각형이나 원 안의 숫자 총계가 보이는 것처럼 각각 〈그림 46〉의 숫자와 일치해 부호가 반대로 되어 있으므로 대기와 지면도 열적으로 평행을 유지하게 된다.

지구 대기나 지표면으로부터의 적외복사 에너지는 〈그림 46〉이나 〈그림 48〉에 나타난 열수지의 각 과정 가운데 가장 크다. 그 때문에 지구 대기의 온도를 결정하는 직접 요소는 태양의 단파복사가 아니라 지구의 장파복사가 된다. 따라서 예를 들면 태양면 폭발 따위로 태양으로부터의 단파복사가 갑자기 증가해도 지구 온도가 금방 높아지지는 않는다. 이러한 점에서 화성과 같이 대기가 매우 엷은 행성에서는 대기 분자로부터의 장파복사가 적기 때문에, 태양으로부터 단파복사의 변동에 따라 대기 온도가 직접 변동되는 비율이 크다. 또한 화성에서는 표면에서의 열복사가 대기에 거의 흡수되지 않고 그대로 우주 공간으로 복사되므로 표면 온도는 영하 70도 정도의 매우 낮은 온도가 된다.

2. 온실 효과에 의한 지구의 온난화

앞에서 말한 대기의 열수지는 전 지구의 연간 평균 상태인데, 어떤 원인으로 이 열수지에 불균형이 생겨 그것이 해마다 한 방향으로 진행될 때에는 지구의 온난화나 한랭화가 일어나게 된다.

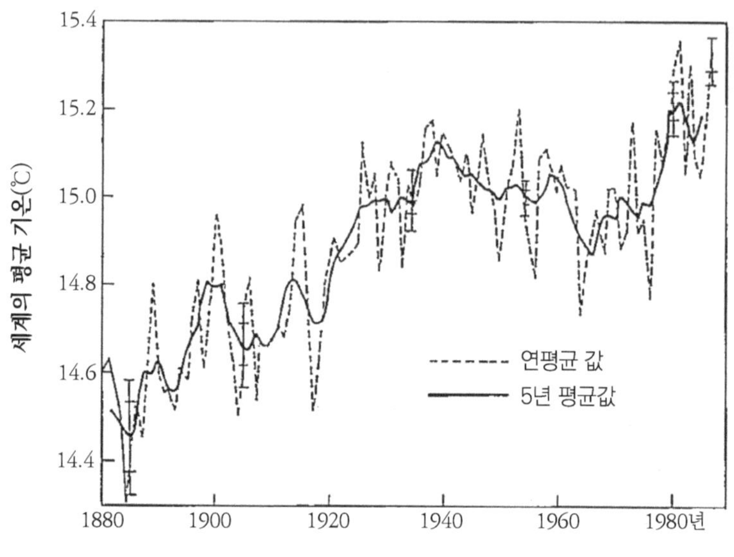

그림 49 지난 100년 동안의 지구 평균 기온 변화

〈그림 49〉는 세계의 평균 기온이 지난 100년 남짓한 동안에 변화한 모습을 나타낸 것이다. 이 기간에 평균 기온은 약 1℃ 상승하고 있는데, 1940년경부터 1970년경까지는 오히려 기온이 내려가고 있다. 이 때문에 1970년경에는 지구가 길게 보면 빙하 시대로 향하고 있다는 주장이 제기되기도 했다. 그런데 1970년대 중반부터 기온이 다시 올라가고, 특히 1980년대에 들어서 그 상승 경향이 급속해졌다. 최근의 이러한 급격한 기온 상승은 대기 중 이산화탄소의 증가에 의한 것임이 점차 밝혀지고 있다.

〈그림 47〉에 보인 것처럼 지표면으로부터의 장파복사는 5~16μm의 적외선 영역에서 강한데, 〈그림 25〉를 보면 이 영역에서는 이산화탄소의

13~15㎛이나 수증기의 5~7㎛에서 강한 흡수가 있다. 이 때문에 지표면으로부터의 적외복사는 대기 중의 이산화탄소나 수증기에 의해 강하게 흡수되는 한편, 에너지를 얻은 경우에는 이들 가스로부터는 같은 파장의 적외선이 복사된다. 이산화탄소나 수증기에 의해 흡수되어 재복사되는 적외복사가 열수지에서 얼마나 중요한 구실을 하는가는 〈그림 48〉에 보인 이들 에너지 값이 각각 109와 156과 같이 큰 데서도 상상할 수 있다.

이산화탄소나 수증기는 이렇게 지표면으로부터의 적외복사를 흡수·재복사해 지구에 되돌리는 구실을 하고 있으며, 그것들이 우주 공간으로 달아나는 것을 억제하고 있다. 다른 한편 이들 가스는 태양으로부터 오는 단파복사에 상당하는 파장에서는 흡수되지 않으므로 그것을 통과시켜 단파복사에 의한 지표면의 가열은 방해하지 않는다. 이러한 이산화탄소나 수증기에 의한 지표면이나 하층 대기의 보온 작용은 온실에서의 유리 작용과 같으므로 온실 효과(溫室效果)라고 부른다. 온실 유리는 단파복사를 통해 장파복사를 흡수·복사하는 작용 외에도 대류에 의해 열이 달아나는 것을 방지한다. 대기의 경우에는 대류권 계면이 그 구실을 하고 있다고 하겠다.

지구 대기 중의 이산화탄소량은 현재 350ppm 정도의 혼합비인데, 19세기 초 세계적 공업화가 일어나기 전에는 270ppm 정도였다고 믿어지고 있다. 현재의 화석 연료(석유나 석탄) 소비에 대한 증가율이 계속되면, 2030년에는 대기 중 이산화탄소량이 600ppm에 이르고 공업화 이전의 두 배 이상이 된다고 예상되고 있다. 이러한 대량의 이산화탄소 증가는 온실 효과에 의해 지구 온도를 상승시켜 이른바 온난화를 초래하게 된다.

모델 계산 결과에 따르면, 이산화탄소가 두 배가 되면 지구의 평균 기온이 3℃가 올라간다고 한다.

대기의 온실 효과는 이산화탄소나 수증기뿐만 아니라 적외 영역에 흡수 밴드를 가진 모든 분자, 또는 구름이나 에어로졸 입자에 의해서도 일어난다. 높은 산 위에서 흐린 날이 갠 날보다 밤에 따뜻한 것은 구름이나 안개 입자에 의한 적외복사 때문이다.

여러 가지 미량 성분의 분자가 인간 활동에 의해 얼마나 증감하는지를 정확히 파악하기는 어렵지만, 일례로 지구 대기의 전형적인 분자들에 대해 각각 가정한 변화량이 온실 효과에 미치는 영향을 모델 계산한 결과를 〈표 5〉에 제시했다. 오존의 경우는 밀도가 감소한다고 가정해 계산했기 때문에 지표면 온도는 하강하는 것으로 나타났다.

온실 효과로 지표면 온도가 올라가면 물의 증발이 증가해 수증기가 늘어나고, 그 결과 온실 효과가 더욱 커져 기온을 상승시키는 작용과 구름이 늘어나 알베도가 커져 기온을 낮추는 작용을 한다. 일반적으로 어떤 결과가 원인의 일부 또는 전부에 영향을 주는 작용을 피드백이라고 한다. 이 가운데 전자처럼 원인의 변화를 증폭시키는 것을 양의 피드백, 후자처럼 변화를 억제하는 것을 음의 피드백이라고 한다. 〈표 5〉의 계산에서는 수증기 변화에 따른 양의 피드백은 고려되어 있으나, 구름의 상태 변화에 따른 음의 피드백은 고려되어 있지 않다. 〈표 5〉에서 계산된 수증기에 의한 큰 온실 효과는 이러한 피드백을 어떻게 다루느냐에 따라 어느 정도 영향을 받을 가능성도 있다.

실제의 온실 효과에 따른 지표면 온도의 증가는 여러 분자에 의한 영향의 총합이다. 그러나 〈표 5〉의 계산에서는 일부 분자에 대해 증가율을 과대하게 추정한 부분이 있어, 그로 인해 온실 효과가 과대 평가된 경우도 있다.

분자	흡수대(μm)	기준량	증가율(배)	온실 효과(K)
이산화질소(N_2O)	7.78	0.28ppm	2	0.68
메탄(CH_4)	7.66	1.6ppm	2	0.28
임모니아(NH_3)	10.53	6ppb	2	0.12
질산(HNO_3)	5.9 7.5 11.3	1ppb	2*	0.08
프레온(CFC12)	9.13 8.68 10.93	0.1ppb	20	0.54
프레온(CFC11)	9.22 11.82	0.1ppb	20	
수증기(H_2O)	6.25	3ppm	2*	1.03
이산화탄소(CO_2)	13–15	330ppm	1.25	0.97
오존(O_3)	9.6	10ppm	0.75*	−0.47

성층권만을 증가시킴. ppm=10^{-6} ; ppb=10^{-9}

표 5 적외선 흡수 밴드를 가진 여러 대기 분자에 의한 온실 효과

그러나 각 분자의 증가율이 표에 제시된 값의 4분의 1이라고 해도 모든 분자의 영향을 합산하면 지표면 온도가 0.76℃ 상승하게 된다. 지구의 평균 온도가 0.1℃만 상승해 그 상태가 오래 지속되면 무시할 수 없는 영향을 미치며, 평균 기온이 1℃ 변하는 것은 중대한 기후 변화를 일으킨다고 알려져 있다. 따라서 이 0.76℃라는 온실 효과는 주목해야 할 값이다.

3. 복사·광화학·운동의 상호작용

이 장의 주제는 성층권 오존이 감소할 경우 기후에 어떤 영향을 미치는가 하는 것이다.

성층권 오존이 가령 50% 이상이나 크게 감소하는 일이 일어난다면, 성층권이 이상적으로 냉각되는 결과로 성층권 붕괴나 극야 제트류(〈그림 30〉 참조)의 약화 등 성층권 대기의 대순환에 큰 영향을 줄 것이다. 그 결과 대류권 기후에도 큰 영향을 미칠 것으로 생각된다. 그러나 그 영향이 구체적으로 어떤 것인지를 밝히는 것은 매우 어렵다.

대기 현상은 매우 복잡해 하나의 요소가 변하면 여러 가지 요소에 변화를 주어 그것들이 복사·광화학·운동의 상호작용을 통해 서로 영향을 미치게 된다. 다양한 피드백이 복잡하게 얽혀 있기 때문에 모든 영향을 동시에 고려해 원인과 결과의 관계를 확실히 예측하는 것은 매우 어렵다. 기후 변화에는 여러 가지 양과 음의 피드백 작용이 존재하며, 그 종합적인 결과가 어느 방향으로 나아갈지는 예측하기 어려운 경우가 많다.

여기에서는 성층권 오존 감소, 프레온 및 이산화탄소 증가와 관련된 여러 복사·광화학·운동의 상호작용과 피드백의 사례들에 대해 살펴보고자 한다.

프레온 증가로 상부 성층권 오존이 감소하면 지금보다 더 많은 자외선이 하부 성층권이나 대류권에 들어오게 되어 하층의 오존 생성이 증가하고, 그 결과 오존 전량의 감소가 완화된다. 이것은 복사에 의한 오존 감소의 자기 치료 작용이다. 자기 치료 작용은 음의 피드백의 한 형태이다. 또한 상부 성층권의 오존이 감소하면 오존에 의한 자외선 흡수가 줄어 온도가 내려가는데, 온도가 내려가면 〈화학식 1〉에 나타난 반응 중 R_1의 오존 생성 반응이 촉진하기만 하고 R_2의 오존 소멸 반응이 늦어지기 때문에 광화학 반응에 의한 오존 생성이 증가한다. 이것은 광화학에 의한 오존 감소의 자기 치료 작용이다. 상부 성층권의 이산화탄소가 증가하면 우주 공간으로의 적외복사가 증가해 온도가 내려가는데, 이러한 온도 저하는 앞서와 같은 이유로 오존 생성을 증가시켜 오존에 의한 자외선 흡수가 많아지고, 그 결과 온도를 높이는 작용이 일어난다. 이것은 광화학에 의한 온도 변화의 자기 치료 작용이다. 이처럼 복사와 광화학은 서로 영향을 미치며 각 변화를 완화하는 경향이 있다.

이산화탄소의 온실 효과로 지구 대기의 온도가 상승하면 대류권의 수증기가 많아져 다시 온실 효과가 늘어날 뿐만 아니라, 적도 부근의 권계면에서 온도 상승으로 인해 대류권에서 성층권으로 빙결하지 않고 들어오는 수증기량도 많아진다. 이 때문에 성층권에도 복잡한 복사장의 변화가 생긴다. 또한 기온 상승은 수증기 변화로 인해 구름 상태를 바꿔 알베도에 변화를 주거나 바닷물 온도를 높여 이산화탄소의 용해도를 낮춤으로써 대기 중 이산화탄소를 증가시키기도 한다.

이산화탄소에 의한 온실 효과로 바닷물 온도가 상승하면 공기 중의 이산화탄소가 늘어나고, 다시 그것에 의한 온실 효과가 증대하게 된다. 이러한 반복으로 온도 상승이 계속 이어지는 현상을 러너웨이 온실 효과(runnerway, 溫室效果)라고 부르며, 금성(金星) 표면이나 하층 대기의 온도를 이상적으로 높게 하는 원인이 되고 있다. 이 현상은 태양 복사의 세기가 일정 값을 넘으면 일어난다는 것이 이론적으로 밝혀져 있다. 금성은 지구보다 태양에 가까워 약 90%나 많은 태양 복사를 받기 때문에, 앞에서 말한 러너웨이 온실 효과가 일어나 바닷물이 끓어 증발하고, 이산화탄소가 모두 대기 중으로 방출되었다. 이 때문에 금성에는 바다가 없고 이산화탄소가 대기의 대부분을 차지하고, 표면 온도가 500℃에 가까운 작열 상태가 되어 있다.

지구는 대략 금성과 같은 크기이므로 행성 내부에서 화산 가스로 분출된 이산화탄소의 양도 거의 같았을 것이며, 그 양은 주로 질소와 산소 분자로 이루어진 현재 지구 대기의 약 100배에 달했을 것이다. 만일 이 막대한 양의 이산화탄소가 그대로 지구 대기 중에 남아 있었다면 도저히 현재와 같은 생물이 지구상에서 발전할 수 없었을 것이다. 그러나 다행히 지구는 태양에서 멀기 때문에 러너웨이 온실 효과는 일어나지 않았고, 많은 물을 담은 해양이 존재할 수 있었다. 대부분의 이산화탄소는 이 바닷물에 녹아 그 속의 탄소는 바다 밑의 암석과 반응해 탄산염이나 유기탄소의 형태로 축적되어 있다.

지구는 '물의 행성'이라고 불릴 만큼 아름다운 자연을 가지고 있으며, 물이 생명 존재에 없어서는 안 된다는 사실은 누구나 알고 있다. 그러나 바닷물이 대량의 이산화탄소를 처리해 주고 있기 때문에 생명의 발전·생존에 적합한 현재의 지구 대기가 생겼다는 사실은 일반인에게는 그다지 알려져 있지 않은 것 같다. 그리고 이것이 가능했던 것은 지구의 크기와 태양으로부터의 거리가 적절했기 때문이다. 지구보다 태양에서 먼 화성에서는 태양 복사가 너무 약해 수분이 거의 얼어 버려, 금성과는 반대로 동결의 세계가 되었다. 그곳에서는 이산화탄소가 기체 상태로 주성분을 이루고 있으나, 화성이 작기 때문에 그 양은 금성보다 훨씬 적으며 빙결된 물의 양도 적다.

다음으로 운동에 대해 생각해 보자. 성층권 오존의 감소로 태양 자외선의 흡수량이 줄어 성층권 온도가 내려가는 경우라도, 그 가열 변화는 지구상의 어디서나 동일하게 일어나는 것이 아니기 때문에 성층권 대기의 대순환이 변할지 모른다. 운동이 변하면 그에 따른 오존이나 열의 수송도 변하게 되어, 이들의 분포 역시 변화할 것이다.

운동이 활발해져 예를 들면 온도가 올라가면, 적외복사에 의한 냉각이 커져 온도가 내려가게 된다. 이 때문에 운동이 진정되는 경향이 생긴다. 이것을 복사에 의한 운동의 감쇠 작용이라고 한다.

또한 대기 운동이 활발해져 기온이 올라가면, 앞에서 말한 광화학 변

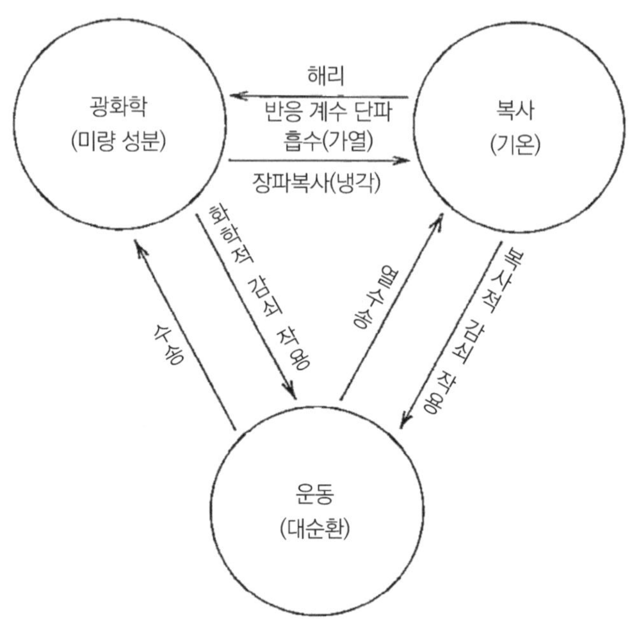

그림 50 광화학 · 복사 · 운동의 상호작용

화로 오존이 줄어 가열률이 낮아지므로, 결국 기온 상승에 브레이크가 걸려 대기 운동의 활발화가 억제된다. 이것은 광화학에 의한 운동의 감쇠 작용이다. 이렇게 운동은 복사와 광화학의 양쪽에서 영향을 받는 반면, 열이나 대기 분자를 수송해 그것들의 분포를 바꿈으로써 복사와 광화학에 영향을 주고 있다. 운동과 복사(온도)의 상호작용에는 이 밖에도 성층권 돌연 승온(成層圈突然昇溫)이라는 특이한 현상이 있는데, 이에 대해서는 편의상 12장 5절에서 자세히 설명하기로 한다.

이상에서 설명한 복사 · 광화학 · 운동의 상호작용을 〈그림 50〉에 나타냈다. 앞에서 말한 것처럼 여러 가지 양과 음의 피드백이 종합된 결과가 어느 방향으로 나아갈지 알기 어려운 경우도 많기 때문에, 이들 영향을 전부 고려해 대기 중의 현상을 완전히 모형화하는 일이 얼마나 어려운지 이해할 수 있을 것이다.

4. 화산 폭발과 성층권 에어로졸의 영향

지금까지 기후에 미치는 영향을 지구 온도(지구 표면 온도와 하층 대기 온도)의 변화 문제로 생각해 왔는데, 지구 온도에 영향을 주는 또 하나의 중요한 요소는 대기 중의 에어로졸이다. 특히 성층권 에어로졸(aerosol)은 온실 효과와는 반대로 지구 온도를 내릴 가능성이 있으므로 그 영향을 무시할 수 없다.

공기 중에 부유하는 미세한 액체 또는 고체 입자를 에어로졸이라고 하며, 그 크기가 1,000분의 1μm 이하의 것은 응고하여 급속히 그보다 큰 입자로 변하며, 20μm보다 큰 것은 침전하여 대기 중에서 빠르게 사라진다. 0.1μm 이하의 작은 입자를 아이킨 입자, 0.1μm에서 1μm까지를 대입자(大粒子), 그보다 큰 것을 거대입자(巨大粒子)라고 한다.

대기 중의 에어로졸에는 바람에 날려 오른 토양이나 연소로 인해 생기는 매연 등의 고형 입자, 각종 기체의 화학 반응에 의해 생기는 액상 입자(液狀粒子), 해양에서 유래하는 해염핵(海鹽核) 입자 등이 있다. 성층권에 있는 주요 에어로졸은 황산(H_2SO_4)을 주성분으로 하는 액상의 대입자이며 18~22㎞ 높이에서 관측된다. 발견자의 이름을 따서 융계층이라고 부르는데, 그는 이 층이 대류권에서 운반된 기체상의 황화물이 산화되어 형성된 것이라고 보았다. 이때 마찬가지로 대류권에서 운반되어 온 더 작은 아이킨 입자가 응결핵(凝結核)으로서 중요한 구실을 한다.

황화물이나 아이킨 입자가 성층권으로 반입되는 일은 평소에도 적도 부근의 상승 기류에 의해 이루어진다. 그러나 큰 화산 폭발이 일어나면 대량의 화산재와 분진과 함께 아황산가스가 성층권까지 상승하므로 에어로졸이 크게 증가한다. 처음 몇 주 동안은 아이킨 입자의 증가가 두드러지지만, 몇 개월이 지나면 황산 에어로졸 입자의 증가가 관측된다. 이는 화산재나 아이킨 입자를 핵으로 하여 성층권 내에서 황산 입자의 에어로졸이 만들어지기 때문이다. 화산 폭발 후 채집된 성층권 에어로졸의 전자 현미경 사진을 〈그림 51〉에 실었는데, 그 사진에서도 화산 폭발 이후 큰 에어로졸이 생긴 것을 볼 수 있다.

또한 금성의 대기 전체를 뒤덮고 있는 누르스름한 두꺼운 구름은 황산의 물방울로 되어 있고 융계층과 유사한 성질을 지닌다. 이는 금성에서 화산 활동이 상당히 활발했음을 얘기해 주는지도 모른다.

에어로졸이 지구 온도에 미치는 영향은 그 크기, 모양, 색깔, 밀도, 존재 장소(대류권인지 성층권인지), 그리고 분포 상태 등에 따라 달라지며, 온도를 높이기도 하고 낮추기도 한다. 성층권 에어로졸인 경우는 비교적 간단하고, 지구 온도를 낮추는 구실을 한다고 할 수 있다. 이는 황산액 입자가 매우 높은 알베도 값을 가져 태양에서 들어오는 단파복사를 우주 공간으로 반사하는 비율이 증가하기 때문이다. 그 결과 지구 전체를 데우는 데 사용되는 최종적인 에너지가 줄게 된다.

성층권 에어로졸에는 온실 효과에 따른 가열 효과도 있으나, 지구에서는 이를 일으키기에 충분한 에어로졸의 밀도와 크기가 부족하다. 따라서 알베도 증가에 의한 냉각 효과가 더 크게 나타나 지구의 온도를 낮추는 방향으로 작용한다. 금성에서는 러너웨이 온실 효과가 알베도 효과보다 커서 금성 온도를 높이는 요인으로 작용하고 있다.

성층권 에어로졸에서 아래쪽으로 복사되는 장파(적외)복사나 대류권의 에어로졸 자체에 의해 대류권 온도가 어떻게 변화하는지는 간단히 말하기 어렵다. 이는 대류권에 다양한 종류의 에어로졸이 존재하고 그 분포 상태도 매우 복잡하기 때문이다. 따라서 장소에 따라 온도가 올라가는 곳도 있고, 내려가는 곳도 있을 수 있다.

그러나 지구 전체적으로 보았을 때, 성층권 에어로졸이 온도를 낮춘다는 점은 앞에서 설명한 것과 같다. 큰 화산 분화로 인해 성층권 에어로졸이 증가하면 지구 기온이 하강하는데, 이러한 현상이 소빙하 시대의 원인이 되었을 가능성이 크다고 보는 학자도 많다. 지구의 화산 활동은 1800년대에는 활발했으나 20세기에 들어와서는 크게 줄어들었다.

〈그림 49〉에서 1940년까지 세계 평균 기온이 상승한 것은 성층권까지 물질을 운반할 정도의 큰 화산 분화가 그 시기에 거의 없었기 때문이라는 모형 계산 결과도 있다. 그러나 1940년 이후 갑자기 화산 폭발이 많아진 사실은 없으므로, 그 시기부터 나타난 기온 하강이 화산 분화 때문

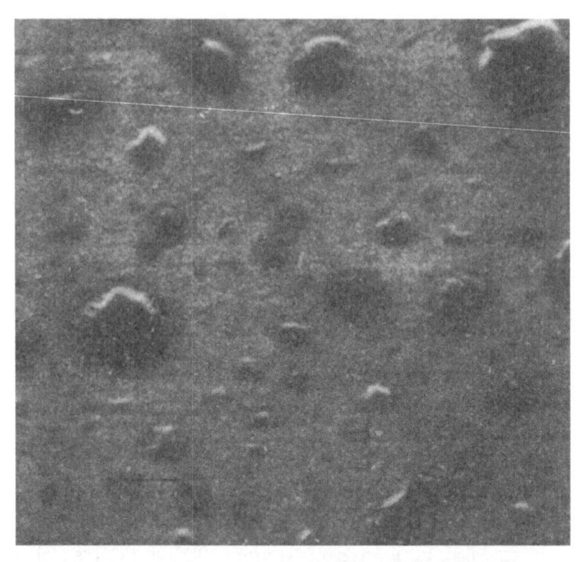

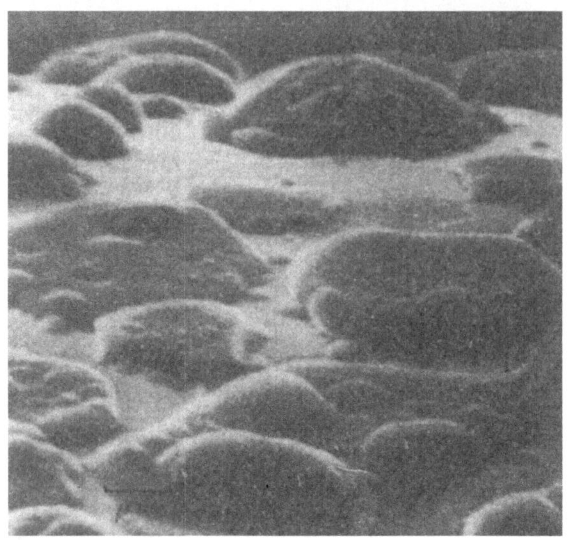

그림 51 성층권 에어로졸 사진으로, 평상시 모습(위)과 화산 폭발 후 모습(아래)을 보여준다. (NASA 에임스 연구소 제공)

인지는 의심스럽다. 이는 공업 활동의 활발화로 인해 미세한 에어로졸이 대류권에 많이 방출되었기 때문일지도 모른다.

화산 분화 시에는 염화수소(HCl)도 함께 분출되므로, 이것이 성층권에 들어가 해리(解離)를 통해 염소 원자를 방출하면 염소 산화물에 의한 촉매 작용으로 성층권 오존을 감소시킬지도 모른다. 또한 에어로졸 입자의 존재는 기체끼리의 화학 반응을 촉진시킬 가능성이 있으므로 성층권의 광화학 반응에 큰 영향을 줄지도 모른다. 예를 들면 남극 하부 성층권에서 겨울부터 봄에 걸쳐 발달하는 성층권 구름은 남극 오존홀의 생성에 중요한 구실을 한다. 이 구름은 질산(HNO_3)을 함유한 얼음 입자(에어로졸)로 이루어져 있으며, 이러한 에어로졸 표면에서 염소를 함유한 분자의 화학 반응이 촉진된다는 사실이 알려져 있다(12장 4절 참조).

11장

프레온은 정말 오존층을 파괴하는가?

1. 기적의 분자 프레온
그 특성과 광범위한 용도

프레온은 1928년 미국의 토머스 미드글리(Thomas Midgley)에 의해 발명된 물질이며 냉각제로 이상적인 성질을 갖추고 있다. 당시 식품의 냉각은 주로 얼음을 사용하는 냉장고에 의존하던 시대였다. 염화에틸, 암모니아, 이산화탄소, 아황산가스 등 다양한 화학 물질을 사용한 냉장법도 있었으나, 이들 가스는 부식성이 크고 독성이 강하며 불안정해 쉽게 발화하는 등의 결점을 지니고 있었다. 따라서 독이 없고 불이 잘 붙지 않는 화학적 냉각제의 개발은 기업뿐 아니라 일반 시민에게도 매우 큰 요구 사항이었다.

미드글리는 탄소의 플루오르 화합물이 훌륭한 냉매가 될 것이라고 예상하고 연구를 진행한 끝에 프레온을 발명하는 데 성공했다. 그는 자신이 발명한 프레온의 안정성과 불연성을 증명하기 위해, 발표회 자리에서 직접 프레온가스를 입으로 들이마신 뒤 촛불에 내뿜어 불을 끄는 실험까지 선보였다.

프레온은 이처럼 안전성(저독성과 불연성)이 높은 데다가 끓는점이 낮아 기체와 액체 상태를 자유롭게 오갈 수 있고, 유기물에 대한 적절한 용해성을 지니며, 액체 프레온은 표면 장력이 낮고 삼투압이 높다는 등의 특성을 갖추고 있다. 이 때문에 프레온은 다양한 용도로 활용되며 현대 산업과 생활문화를 뒷받침하는 중요한 기둥 가운데 하나가 되었다. 이제 프레온의 용도를 설명하기 전에 여러 가지 프레온의 이름과 그 분자 구조에 대해 먼저 살펴보겠다.

프레온 IJK 또는 CFC IJK

I(100자리의 숫자)······························분자 중의 탄소(C)의 수 −1

    메탄계의 프레온에서는 I = 0이므로 생략함
        즉 숫자는 2자리가 됨
    에탄계의 프레온에서는 I = 1

J(10자리의 숫자)······························분자 중의 수소(H)의 수 + 1

    H가 없는 경우는 J = 1
    H가 있는 경우는 J > 1

K(1자리의 숫자)······························분자 중의 플루오르(F)의 수

분자 중의 염소(Cl)의 수는

    메탄계의 프레온에서는 4−K−J + 1
    에탄계의 프레온에서는 6−K−J + 1

그림 52 프레온 분자의 번호 붙이는 법

프레온은 메탄(CH_4)이나 에탄(C_2H_6) 속의 수소 원자 일부가 플루오르나 염소로 치환된 분자 구조를 가지고 있다. 앞에서 언급했듯이 프레온의 독특한 성질은 탄소와 플루오르 결합에서 비롯되지만, 염소도 중요한 역할을 한다. 염소는 끓는점을 높여 프레온을 사용하기 더 편리하게 만들고, 유기물과의 친화성을 높여주는 기능도 한다. 프레온 속에 플루오르나 염소가 각각 몇 개 들어 있는가에 따라 여러 가지 프레온 분자가 생기는데, 그것들을 구별하기 위해 프레온 문자 뒤에 두 자리(메탄계 프레온의 경우), 또는 세 자리 숫자(에탄계의 경우)를 붙여서 나타내고 있다. 숫자의 뜻

은 〈그림 52〉에 요약한 것과 같다. 또한 프레온은 CFC라는 기호로 나타 내는 때가 있는데, 첫째의 C는 염소(Chlorine), F는 플루오르(Fluorine), 끝 의 C는 탄소(Carbon)을 뜻한다.

또 프레온(Freon)이라는 이름은 프레온을 가장 많이 생산하던 미국 뒤 퐁사의 상품명에서 유래한 것으로, 미국을 비롯해 서유럽 여러 나라에서 사용된다. 일본에서는 플론, 소련에서는 에스키몬이라고 부른다.

프레온	분자식	끓는점($^\circ$C)	주요 용도
CFC11	$CFCl_3$	23.7	우레탄폼 냉장고의 냉매 드라이클리닝
CFC12	CF_2Cl_2	−29.8	냉장고의 냉매 에어컨(자동차·가정) 발포제
CFC22	$CFClF_2$	−40.0	에어컨(가정냉방) 에어졸 발포제
CFC113	$C_2Cl_3F_3$	47.6	일렉트로닉스의 세정제 발포제 냉각제
CFC114	$C_2Cl_2F_4$	3.6	냉각제 발포제
CFC115	C_2ClF_5	−39.1	냉각제

표 6 프레온과 용도

　　프레온 용도의 폭넓은 발전은 미국 사회는 물론, 더 나아가 인류 전체의 근대적 생활양식 발전에 크게 기여하게 되었으며, 다음에 그 주요한 용도를 차례로 설명한다. 가장 많이 생산·사용되는 프레온과 그 용도는 〈표 6〉에 제시했다.

1) 냉각제

프레온은 보통의 대기압 상태에서는 무색투명한 기체인데, 압력을 낮추면 급격히 증발해 열을 빼앗고 주위를 냉각하므로 냉매로 사용된다. 프레온의 이러한 성질은 전기냉장고에 이용되어 식품의 냉각·보존을 위한 유효한 방법으로 획기적인 것이 되었을 뿐만 아니라, 나중에는 컨디셔닝을 통한 건물이나 자동차의 냉방에도 사용되게 되었다. 이러한 냉방 기술은 광대한 미국, 특히 텍사스 등 남부 지역처럼 그동안 사람이 살기에 적합하지 않다고 여겨지던 곳에서도 쾌적한 생활을 가능하게 했으며, 근대적 고층 건물에서의 활동을 가능하게 하여 이후 미국인의 생활양식을 극적으로 변화시켰다. 극장, 병원, 레스토랑, 호텔 등을 냉방할 때에도 폭발의 위험이 없고 불쾌한 냄새도 나지 않는 프레온은 매우 이상적인 냉매였다.

　　또한 미드글리는 자동차용 가솔린에 납을 첨가해 노킹(knocking)을 방지하는 방법도 발명했다. 그러나 프레온과 노킹을 방지하는 납은 오늘날 환경 파괴 문제의 대표적인 사례가 되었으며, 이는 미드글리가 전혀 예상하지 못했던 결과였다. 당시 과학·기술 문명의 여명기에는 지구가 아직 충분한 포용력을 가진 것으로 여겨졌고, 성층권 오존 문제 역시 알려지지 않았기 때문에 안전하고 값싸며 유용한 프레온의 발명은 사람들의 생활을 풍요하게 하는 데 큰 공헌을 했던 것은 사실이다.

또한 미드글리는 1889년생으로 그가 활약한 시기는 발명왕 토머스 에디슨(Thomas Edison 1847~1931)의 시대와 일부 중복되고 있다.

2) 분사제

1940년대에 들어서 가벼운 알루미늄 깡통에 담긴 물질을 손가락으로 입구를 누르기만 해도 분사할 수 있는, 유효하고 값싼 밸브가 압플라낼(Abplanalp)에 의해 발명되었다. 이 발명 덕분에 사람들은 무겁고 큰 봄베를 들고 다니는 불편에서 해방될 수 있었다. 알루미늄 깡통에 프레온과 함께 살충제를 넣고 압력을 강하게 하면, 이 밸브를 눌렀을 때 프레온이 폭발적으로 기화하며 분사되고, 동시에 살충제를 효과적으로 살포할 수 있다.

이 에어로졸 분사기 방법은 제2차 세계대전 당시 필리핀과 남태평양 전선에서 살충제와 소독제를 살포해 말라리아 등 질병으로부터 병사를 보호하는 데 큰 효과를 거두었다. 전후에는 농장에서 살충제·소독제·비료 등을 살포하는 데 사용되었을 뿐 아니라, 헤어스프레이나 페인트 도장 등 다양한 분야로 용도가 확대되어 프레온과 에어로졸 밸브 생산은 비약적으로 증가했다.

3) 발포제

1950년대에 들어서자 프레온은 발포 스티롤이나 우레탄폼 제조에서도 중요한 역할을 하게 되었다. 이들 물질은 단열·흡음·보온 등 뛰어난 성질을 지니고 있어, 오늘날 우리의 일상생활에서 편리하고 없어서는 안 될 존재가 되었다.

발포 스티롤은 햄버거를 넣고 차가워지지 않게 하기 위한 용기 등에도 사용되고 있다. 우레탄폼에는 연질(軟質)과 경질(硬質)이 있으며, 각각 성질과 용도가 다르다. 연질 우레탄폼은 프레온가스를 발포제로 하여 제조되며 대부분 쿠션 등에 사용된다. 경질 우레탄폼은 내부에 단열성이 뛰어난 프레온가스를 봉입해 제조되며 주로 냉장고 등의 단열제로 사용된다.

4) 세정제

1970년대에 들어서 프레온은 일렉트로닉스 산업에서도 다시 사용되기 시작했다. 컴퓨터의 반도체 칩이나 여러 가지 정밀 기계, 광학 렌즈의 탈지(脫脂)·세정에 이용되었고, 프린트 기판에서 여분의 땜납을 제거하는 데에도 쓰였다. 또한 프린트 기판을 식각(蝕刻)하는 데 필요한 다른 화학 약품을 만드는 과정에서 그 재료로도 사용되게 되었다. 특히 낮은 표면장력 때문에 가는 틈에도 강하게 침투하고, 증발과 건조가 빠르며, 뒤에 얼룩이 남지 않고 금속이나 플라스틱을 침식하지 않는 등의 특징을 지니고 있어, 미세한 먼지나 오염도 문제가 되는 반도체 칩 세정에 큰 역할을 했다. 그 결과 신뢰도가 높은 칩을 대량 생산하는 것이 가능해졌다.

또 프레온은 의류의 드라이클리닝 등의 세정제로도 사용되고 있다.

2. 프레온 생산량의 추이

프레온의 공업적 생산은 1930년에 시작되었으며, 1934년 이후에는 중요한 공업 생산물의 하나로 자리 잡아 생산량이 급격히 증가했다. 특히 제2차 세계대전 이후의 약진은 눈부셨으며, 세계적인 생산량은 〈그림 53〉에서 보이듯 1960년경부터 1970년대 중엽까지 매년 10%의 비율로 계속 증가했다. 이러한 증가는 주로 에어로졸 분사기에 사용되는 프레온의 수요 증가에 따른 것이었다. 그러나 1974년, 프레온을 가장 많이 생산하던 미국이 성층권 오존 파괴와 관련이 있다는 과학자들의 경고를 받아들여

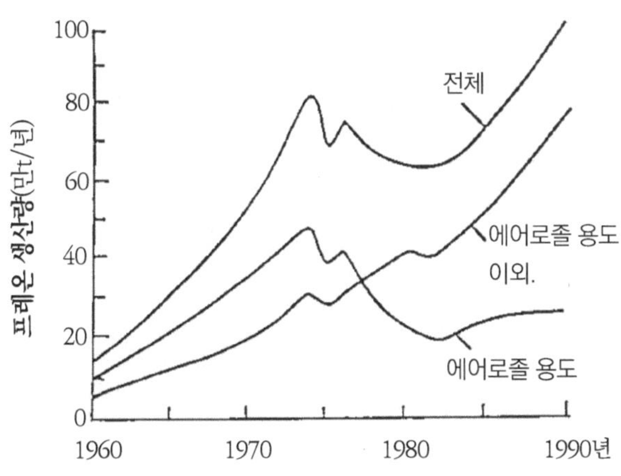

그림 53 세계 프레온 생산량의 변화

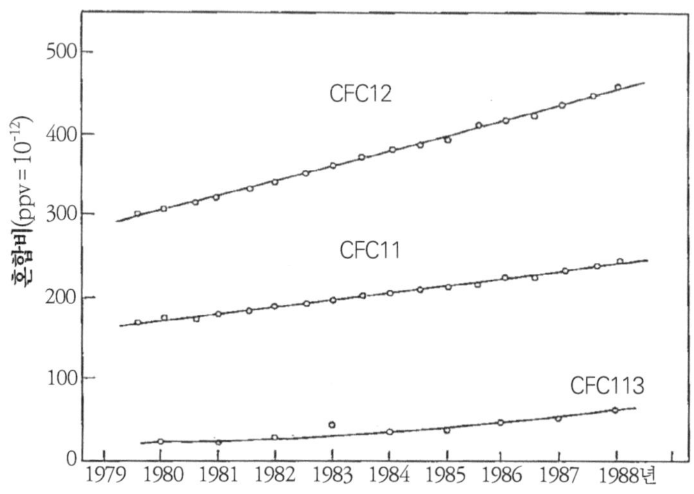

그림 54 홋카이도에서의 최근 9년간 프레온 농도 관측 결과[도쿄대학 도미나가(富永建) 교수 제공]

생산을 축소하면서 한동안 세계 프레온 생산량은 감소 경향을 보였다. 그런데 에어로졸 분사기용 이외의, 특히 일렉트로닉스 산업용 프레온의 생산·사용이 1980년대에 들어 급격히 증가했기 때문에 전 세계의 프레온 생산량은 다시 빠르게 증가하기 시작했고, 1986년에는 생산량이 100만 톤에 이를 기세였다.

이 가운데 일본의 생산량은 13만 7,000톤으로 전체의 14%에 조금 못 미치며, 미국이 30%, 서유럽 여러 나라가 40%, 나머지 16%는 소련을 비롯한 동유럽 여러 나라와 인도, 브라질 등에서 생산되었다.

프레온의 생산이 증가함에 따라 대기 중 프레온의 양도 꾸준히 증가하고 있다. 일본 홋카이도에서 최근 10년간 측정한 프레온 농도는 〈그림 54〉에

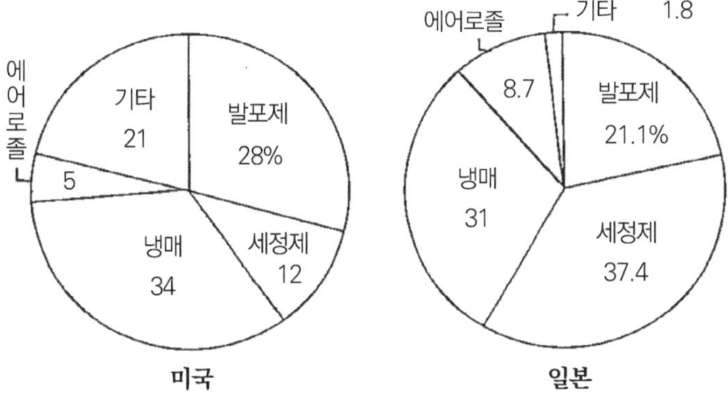

그림 55 일본과 미국의 프레온 용도별 사용량 비율

제시한 바와 같다.

이 기간 동안 CFC12는 매년 5.7%, CFC11은 4.9%의 비율로 증가하고 있다. CFC113의 대기 중 농도는 CFC12나 CRC11에 비해 아직 상당히 작지만, 그 증가율은 26%로 훨씬 크다.

이는 일본에서 최근 하이테크 산업이 빠르게 발전하고 있음을 보여주는 것으로 해석할 수 있다. 프레온의 사용 목적은 각 나라의 사정에 따라 다르지만, 일본과 미국을 비교하면 〈그림 55〉와 같다.

일본에서는 약 37%가 일렉트로닉스 산업의 세정·용제로 사용되고 있는 반면, 미국에서는 그 비율이 12%로 낮고, 냉매가 차지하는 비율이 34%로 가장 크다. 미국에서는 특히 자동차의 에어컨디셔닝에 사용되는 양이 20%에 이르는데, 이는 단일 용도로는 가장 많은 비중을 차지한다. 일본에서도 냉매에 사용되는 프레온의 비율은 31%로 큰 편이며, 산업용이나 백화점·병원·호텔 등의 건물 냉방 및 식품 냉동에 사용하는 경우가 많다. 미국에서는 이 밖의 용도에 국외 제조나 군수용이 포함된다.

3. 성층권과 남극에도 프레온이 있다
롤랜드와 몰리나의 경고

대기 오염 문제를 연구하는 기상학자들은 대도시 주변에서 오염 입자가 발생원으로부터 어떻게 운반되고 분포하는지를 관측하는 데 적당한 추적자(tracer)가 없을까 찾고 있었다. 인간 활동으로 공기 중에 방출되는 프레온가스는 발생원이 명확하고 자연적으로 발생하는 일이 없는 데다가 화학적으로 매우 안정해 지면이나 다른 물질에 부착되어 소멸하는 일도 없으므로 추적자로서 이상적이다.

영국의 러브록(James Lovelock)은 이러한 점에 주목해 대도시 주변의 프레온 분포를 관측하고자 했다.

측정기를 메고 프레온 농도를 관측하며 돌아다니던 러브록은 놀랍게도 프레온 농도가 발생원에서 멀리 떨어진 곳에서도 거의 변하지 않는다는 사실을 발견했다. 그는 연구비가 부족한 상황에서 공동생활을 하며 거의 자비로 관측을 계속했는데, 그 결과 먼 해양이나 외딴 섬의 대기 중에서도 대도시 주변과 변함없는 농도를 가진 프레온이 존재한다는 사실을 발견했다. 관측 결과를 정리한 논문을 인쇄하면서 그는 부인의 물심양면에 걸친 협력에 감사의 뜻을 전했다. 현재 그는 패서디나(로스앤젤레스 교외)에 있는 제트 추진 연구소(JPL)에서 프레온과 성층권 오존에 관한 연구를 계속하고 있다. 이후 여러 연구자들의 관측을 통해 프레온은 성층권이나 남극 등 지구 곳곳에 광범위하게 퍼져 있다는 사실이 밝혀졌다.

염소 산화물이 오존을 파괴하는 강한 촉매 반응을 일으킨다는 것은 5장 3절에서 언급한 바와 같다. CIAP 시대에는 당시 NASA가 개발 중이던 스페이스 셔틀의 고체 연료에서 나오는 염화수소(HCl)가 해리되어 염소 원자(Cl)를 방출하고, 그 촉매 작용으로 성층권 오존을 감소시키는 것이 아닌가 하는 우려가 제기된 적이 있었다. 당시에는 화학 반응 속도에 대한 관계자의 지식이 매우 빈약해 일산화염소와 산소 원자의 반응(화학식 4의 R_8반응)과 같은 중요한 반응의 속도조차 정확히 알려져 있지 않았다. 연구자들은 여러 학술 잡지에서 찾아보거나, 직접 실험을 수행해 그 반응 속도를 결정하려고 애썼다. 그 반응 속도가 질소 산화물의 반응보다 빠르다는 사실을 확인함으로써, 이것이 성층권 오존을 소멸시키는 중요한 촉매 반응임을 밝혀낸 것은 CIAP 과학자들의 공적이다.

스페이스 셔틀의 영향에 대해서는 NASA가 중대한 관심을 가지고 조사한 결과, 그 운행 빈도가 SST에 비해 적고, 또 셔틀은 성층권을 통과해 훨씬 위로 비행하며 성층권에 있는 시간도 짧기 때문에 큰 문제가 되지 않는다는 결론에 이르렀다. 그러나 그 후에도 성층권에서 염소 원자를 방출하는 원인이 되는 물질이 성층권 오존을 파괴할 위험이 있다는 과학자들의 인식은 변하지 않았다.

캘리포니아 대학에서 막 학위를 취득하고 어바인(Irvine) 분교 화학과에 근무 중이던 신진학자 몰리나(Mario Molina) 박사는 러브록의 관측에 흥미를 느끼고 이를 조사했다. 그 결과 관측 자료를 바탕으로 계산한 전 세계 대기 중 프레온의 양이 그때까지 대기 중에 방출된 양과 거의 차이가 없다는 사실을 알아냈다. 이는 한 번 대기 중으로 방출된 프레온이 비에 녹거나 지면에 붙어 소멸되지 않고, 오랫동안 대기 중에 부유한다는 것을 의미한다.

몰리나는 프레온의 수명이 수십 년에서 길게는 100년에 이르는 매우 긴 것이며, 유일한 소멸 기구는 프레온이 성층권에 도달한 뒤 태양 자외선에 의해 해리되는 과정뿐이라고 보고 계산을 진행했다. 그 결과 대기 중 프레온의 양이 현재와 같은 기세로 계속 증가한다면 성층권에서 해리

그림 56 1974년, 프레온의 성층권 오존 영향에 관한 연구를 발표하던 무렵, 화학 실험실의 롤랜드 교수와 몰리나 박사(캘리포니아 대학교 어바인 분교 제공)

된 프레온으로부터 생성되는 염소 분자만으로도 성층권 오존을 크게 소멸시키는 데 충분하다는 결론에 이르렀다.

몰리나는 곧 그 연구 결과를 롤랜드(F. Sherwood Rowland) 교수에게 보고하고 의견을 구했다. 사실의 중대성을 즉시 파악한 롤랜드는 몰리나와 다른 동료 과학자들과 함께 그 위험성을 학계는 물론 정계와 일반 사회에도 계속 호소하게 되었다.

몰리나와 롤랜드가 발표한 최초의 학술논문은 1974년 6월에 영국의 과학 학술지 『네이처(Nature)』에 게재되었다. 그러나 그들의 경고가 결실을 맺어 프레온 전면 규제를 요구하는 국제적 여론으로 이어지기까지는 그 후

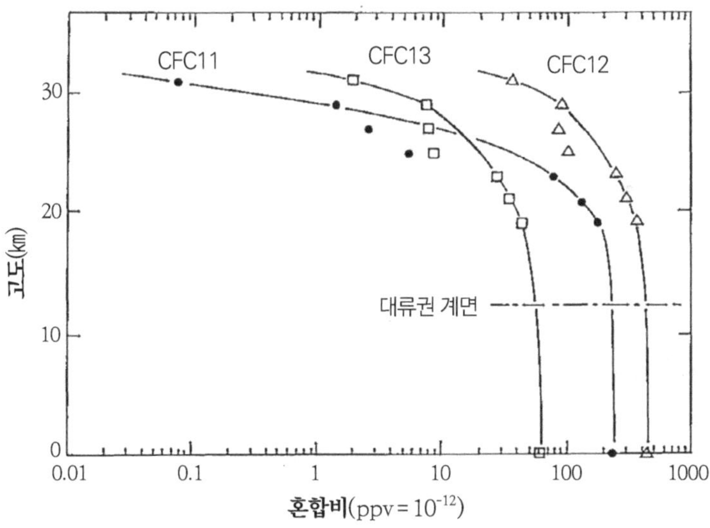

그림 57 산리쿠(三陸) 상공 성층권 대기 중 프레온 농도의 고도 분포[1988년 5월 21일 관측, 우주 연구소 이토(伊藤富三) 교수 제공]

약 15년의 시간이 필요했다. 〈그림 56〉은 1974년 당시 캘리포니아 대학교 어바인 분교 화학 실험실에서 촬영된 롤랜드와 몰리나의 모습이다.

프레온이 성층권에 들어가 해리되어 소멸하고 있다는 사실은 〈그림 57〉의 관측 결과에서도 확인할 수 있다. 대류권 계면을 통과해 성층권으로 들어간 프레온 농도가 급격히 감소하는데, 이는 프레온이 태양 자외선으로 해리하여 파괴되기 때문이며, 염소 원자가 성층권에서 생산되고 있다는 증거가 된다. 또한 CFC113의 감소가 비교적 작은 이유는 이 분자의 대기 방출 시기가 비교적 최근이며, 흡수 단면적이 다른 프레온에 비해 작기 때문으로 생각된다.

4. 프레온의 영향에 관한 모델 계산

몰리나 등이 제기한 경고는 이론적 추측에 근거한 것이며, 그 이론이 옳다고 하더라도 실제로 프레온 때문에 성층권 오존이 어느 정도 소멸하는지를 실험으로 확인하기는 어렵다. 실험실이라는 제한된 공간에서는 자유 대기에서 나타나는 다양한 분자의 분포나 운동 상태를 재현하기 어렵고, 실험 장치의 벽면에서 일어나는 물리적 작용도 무시할 수 없다. 더욱이 성층권 오존에 영향을 미치는 미량 성분과 그로 인해 발생하는 화학 반응의 종류가 매우 많기 때문에, 이를 모두 고려해 실험을 수행하는 것 역시 쉽지 않다.

이러한 어려움을 극복하기 위해서는 컴퓨터를 이용한 모델 계산이 흔히 사용된다. 처음에 관련된 다양한 화학 반응의 영향을 모두 포함해 계산할 수 있는 1차원 모델의 계산 결과를 설명하고자 한다.

이 모델은 수직(높이) 방향의 변화만을 고려하고, 위도나 경도에 따른 변화는 전 지구적으로 평균된 값으로 생각한다. 또한 야간에는 태양 자외선이 존재하지 않아 주간과는 다른 화학 반응이 일어나므로, 이러한 차이를 반영해 각 분자의 일변화에 대한 평균값을 계산한다. 운동에 의한 영향은 수직맴돌이 확산을 통해 고려된다.

프레온의 영향을 계산하기 위해서는 먼저 그 영향이 거의 없었던 상태

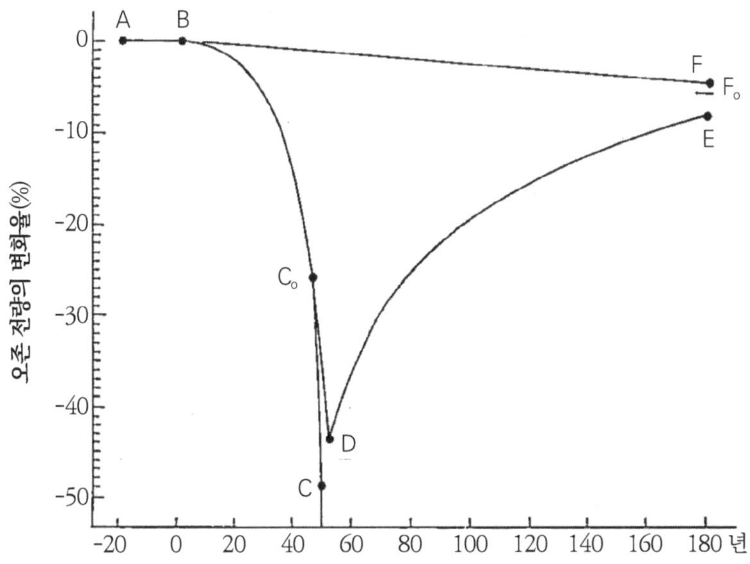

그림 58 1차원 모델로 계산된 프레온 방출에 따른 전 오존량 감소율의 시간 경과

의 모델을 계산할 필요가 있다. 여기에서는 1955년 당시의 분포가 어떠했는지를 나타내는 '바닥 상태'를 계산한다. 이 상태를 A라고 하고, 이후 매년 프레온 방출률이 10%의 비율로 증가한다고 가정했을 때 오존 전량의 변화율을 계산하면 〈그림 58〉과 같은 결과가 얻어진다. A상태에서 20년이 지난 B상태에서는 오존 전량의 감소율이 겨우 0.2%에 불과하다.

B상태에서 다시 매년 10%씩 프레온의 방출률을 증가시키면 오존 전량은 급격히 감소해 50년 후에는 C상태에 이르고 약 50%가 줄어들게 된다. 성층권 오존 감소가 파국적인 수준에 이르렀다고 판단해 25%가 감소되는 데 이르렀을 때의 C_0시점에서 프레온 방출률을 B상태로 되돌려 고정하더라도, 이후 2~3년 동안은 감소가 계속된다. 그리고 D상태에서 약 44%까지 감소한 뒤에야 서서히 회복하기 시작하며, 약 180년 후에는 B상태보다 약 8% 낮은 E상태에 이르게 된다.

만일 B상태에서 프레온 방출률을 그대로 고정한다면, 오존 전량의 변화는 BF곡선을 따라 진행되어 약 180년 후 F상태에 이른다. 다시 B상태의 프레온 방출률을 기준으로 '바닥 상태'를 계산하면 약 5.2%가 감소된 F_0상태를 얻을 수 있다. 이렇게 BDE로 가는 변화를 거치는 경우든, BF의 변화를 취하는 경우든, 오존 전량은 200년 이상 뒤에는 F_0상태가 되어 5~6%가 되어 감소하게 된다.

B, C, D, E 등의 시점에서 각 높이의 오존 밀도가 얼마나 변화했는지는 〈그림 59〉에 제시되어 있다.

어느 경우든 40㎞ 부근에서 감소율이 가장 크게 나타나는데, 이는 이

높이에서 프레온으로부터 유리된 염소 원자가 촉매 작용을 가장 활발히
일으키기 때문이다. 또한 오존 감소율이 일산화염소(ClO)의 농도에 대략
비례한다는 사실에서 이러한 해석이 뒷받침된다. 또한 C나 D 상태에서는
20㎞ 부근에서 감소율이 커지는데, 이는 화학 반응의 변화 때문이 아니라

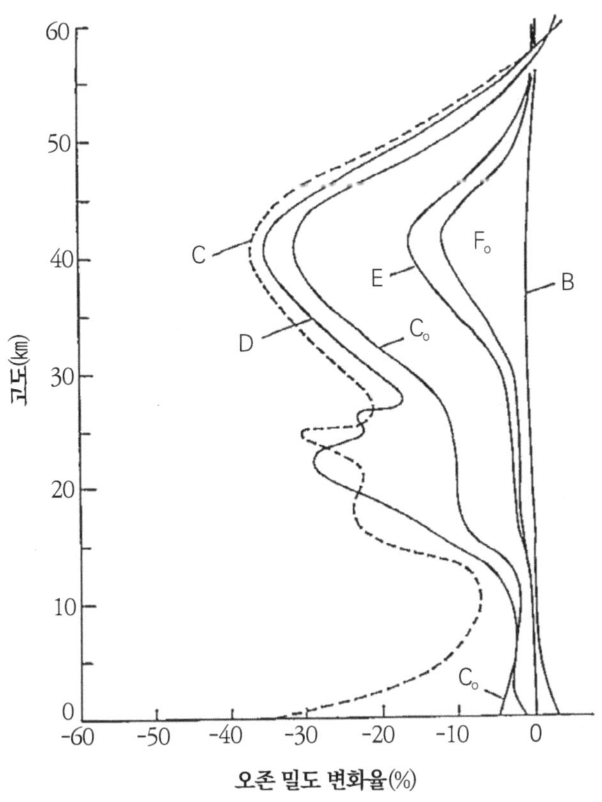

그림 59 〈그림 58〉에서 각 시점별 오존 밀도 변화율의 고도 분포

상층에서 오존이 크게 감소함으로써 태양 자외선이 더 낮은 고도까지 침부하게 되고, 그 결과 기존의 화학 평형이 무너졌기 때문이다. 이러한 변화는 이 높이에서 탁월한 대기 운동의 영향이 일시적으로 달라졌음을 반영한다. 1차원 모델에서는 대기 중의 실제 운동을 충분히 정확하게 모사하지 못하므로, 그림에 나타난 이 고도에서의 C나 D 상태 변화는 그다지 신뢰하기 어렵다.

〈그림 58〉에서 계산된 오존 전량의 감소율은 새로운 반응이나 그와 관련된 새로운 분자를 모델 계산에 넣으면 변하며, 여러 화학 반응의 반응 속도에 따라서도 다른 값이 얻어진다. 이 때문에 1976년부터 1985년에 걸쳐 미국 과학아카데미(NAS)가 몇 차례 수행한 조사 결과에서는 F_0에서의 감소율이 매번 2~20% 사이의 서로 다른 값으로 산출되었다. 이러한 결과 때문에 프레온이 성층권 오존에 영향을 준다는 사실 자체에 의문을 제기하는 사람도 있었지만, 세밀한 숫자에는 의문이 있더라도 이것으로 프레온에 의한 성층권 오존을 감소시킬 가능성까지 부정할 수는 없다. 특히 매년 10%라는 높은 비율로 프레온 방출을 계속하는 위험성은 모델 계산으로 명료하게 나타나 있다.

1차원 모델의 가장 큰 한계는 대기의 3차원적 운동이 어떻게 영향을 미치는지 고려하지 못한다는 점이다. 지구 대기의 대규모 순환 운동에 대한 컴퓨터 모델은 기후 변동을 연구하기 위해 기상학자들이 오랫동안 개발해 온 분야이다. 그러나 10장 3절에서 언급했듯이, 대기 현상은 워낙 복잡해 최신 컴퓨터를 사용하더라도 자연 상태의 변화를 완전히 시뮬레

이션하는 데에는 성공하지 못하고 있다. 하물며 3차원의 대기 대순환 모델에 더 복잡한 화학 반응을 포함해 계산하는 일은 컴퓨터의 능력(기억 능력이나 계산 시간)을 넘어선 문제이며 아직 프레온 문제에 응용할 수 있는 상태가 되어 있지 않다.

1차원 모델과 3차원 모델의 결점을 부분적으로 보충하는 2차원 모델은 고도뿐 아니라 위도 방향의 변화도 고려하는 방식으로, 수평 운동과 화학 반응의 두 가지 영향을 어느 정도 반영할 수 있다는 장점을 지닌다.

여전히 대기 운동의 실제 양상을 완전히 정확하게 모사하지 못하는 한

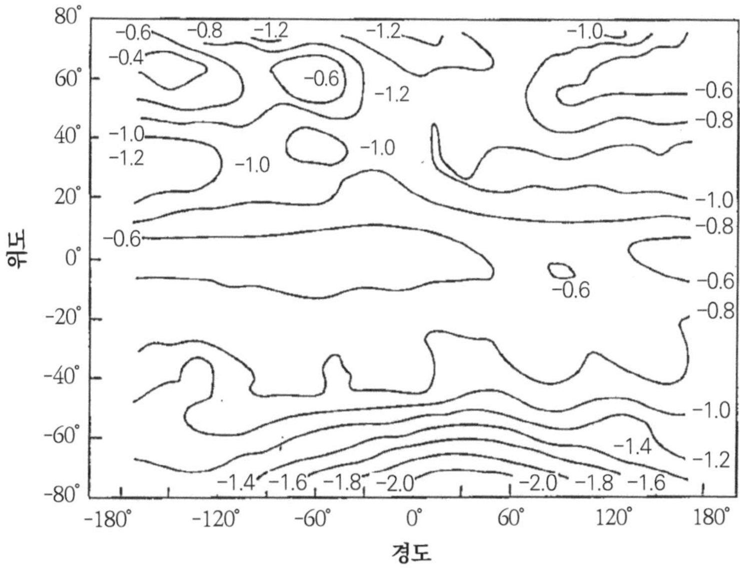

그림 60 님버스 7호의 SBUV 관측으로 얻은 오존 전량 변화의 세계 분포(1978년 11월에서 1985년 9월의 변화를 %/년의 단위로 나타냄)

계는 남아 있지만, 2차원 모델의 계산 결과는 고위도에서의 성층권 오존 감소율이 저위도보다 더 크다는 관측 사실을 잘 재현하고 있다.

5. 성층권 오존에 대한 영향은 검출되었는가?

모델 계산은 어디까지나 여러 가정에 기반한 추정일 뿐이므로, 실제로 성층권 오존이 감소하고 있는지는 관측 결과에 그 변화가 나타나는지를 통해 판단해야 한다.

그리고 실제로 오존이 감소하고 있다면, 그 감소 방식이 프레온에 의해 나타나는 특성에 부합하는지 여부를 밝혀내야 한다.

〈그림 60〉은 인공위성 님버스 7호의 SBUV 방식으로 관측한 1978년 11월에서 1985년 9월까지의 오존 전량 변화(%)를 전 세계적으로 나타낸 것이다. 일반적으로 위도가 높을수록 변화율이 크게 나타나는데, 이는 2차원 모델의 결과와도 일치한다.

또한 〈그림 61〉은 북위 70°에서 남위 70° 사이의 평균값이 약 7년 동안 어떻게 변화했는지를 여러 고도로 나누어 나타낸 것이다. 33km보다 높은 고도에서의 변화를 보여주는 위쪽 네 개의 곡선을 보면, 1980년대에 들어서면서 오존이 꾸준히 감소하고 있음이 분명하게 드러난다.

프레온의 세계적 생산량이 1980년대에 급속히 증가한 사실(〈그림 53〉 참조)과 프레온이 영향이 고도 40km를 중심으로 하는 상부 성층권 높이에 현저하게 나타난다는 모델 계산 결과(〈그림 59〉 참조)를 생각하면 〈그림

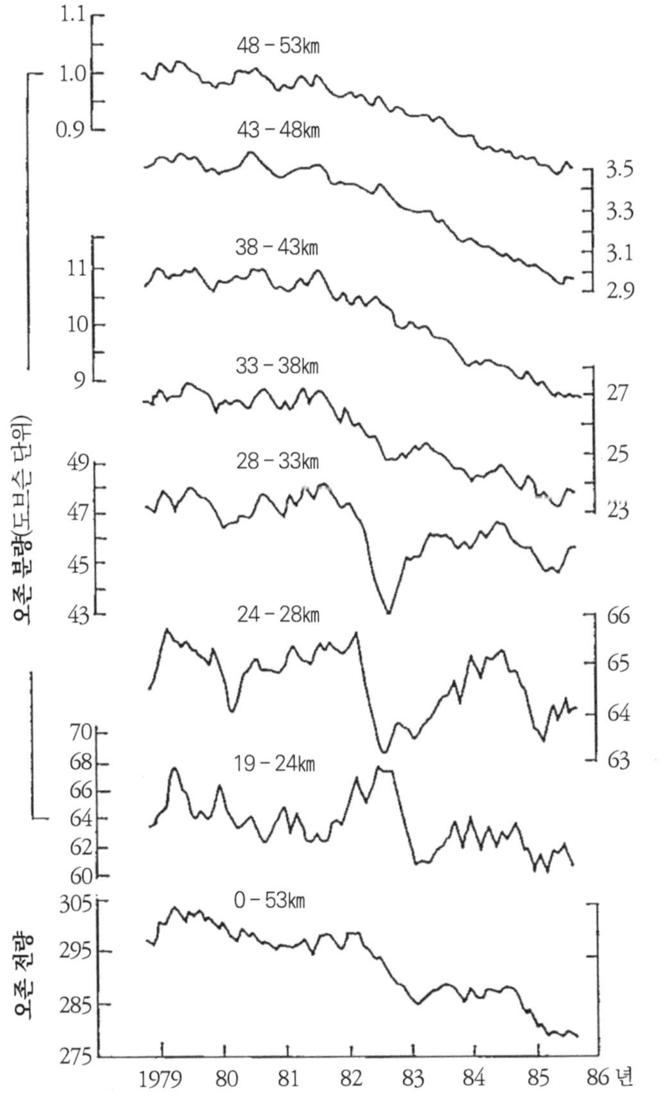

그림 61 님버스 7호의 SBUV 관측으로 얻은 성층권 오존 변화(북위 70°와 남위 70° 사이의 평균값)

61〉에서 보이는 1980년대 33㎞ 이상 고도에서의 오존 감소는 프레온의 영향이라고 해석해도 무리가 아니다. 〈그림 58〉의 계산 결과를 다시 살펴보면, 1980년대에 급증한 프레온이 직접 원인이라기보다는 "그보다 이전에 방출된 프레온이 상부 성층권에 도달해 효과를 나타내기 시작했다"고 해석하는 것이 더 타당하다. 만약 그렇다면, 1980년대에 급격히 증가한 프레온 방출량이 상부 성층권에 도달하게 될 다음 세기 초 이후에는 상당한 성층권 오존 감소가 일어날 가능성이 있다.

〈그림 61〉에서 33㎞ 이하 고도에서는 1982년에서 1983년에 걸쳐 오존이 급격하게 감소한 모습이 나타난다. 이는 1982년 4월에 발생한 멕시코 엘 치촌(El Chichón) 화산 폭발의 영향일 가능성이 크다. 이 화산 폭발은 대량의 폭발물이 성층권까지 상승한 것으로 관측되었으며, 그 결과 성층권 에어로졸 농도가 증가한 사실도 확인되었다.

에어로졸과 같은 고체 입자가 대기 중에 부유하고 있으면 그 표면에 한 개의 분자가 부착된 뒤 다른 분자가 이어서 부착되어 불균일 화학 반응이 일어나는 것으로 생각된다. 이러한 반응은 기체 분자들이 자유 공간에서 충돌해 일어나는 균일 화학 반응에 비해, 분자끼리 만날 확률이 훨씬 크다.

화산 폭발로 인해 〈그림 51〉(아래)처럼 큰 성층권 에어로졸이 많이 생기면 그 총 표면적이 매우 커지므로 그 위에서 불균일 화학 반응이 일어날 기회도 크게 증가한다. 그 결과 오존의 급격한 감소도 일어나게 된다. 다음 장에서 설명하겠지만, 남극 오존홀의 원인도 극역 성층권운(極域成層圈雲)이라는 일종의 에어로졸 입자상에서의 불균일 화학 반응과 깊은 관련이 있다.

〈그림 61〉의 제일 아래 곡선은 오존 전량의 변화를 나타낸 것이다. 1983년에는 엘 치촌 화산 폭발의 일시적 영향을 받았지만, 1980년대 전체로 보면 감소 경향이 분명하다. 이 곡선의 하강 경사로부터 계산하면 1979년에서 1986년까지 7년 동안 오존 전량이 매년 0.74% 정도의 비율로 감소하고 있는 것으로 나타난다. 그러나 이 값에는 다음과 같은 보정이 필요하다.

흑점 변화에서 볼 수 있듯이 태양 활동은 약 11년 주기로 변동하는 것으로 알려져 있다. 문제의 7년 동안은 마침 태양 활동이 하강기에 있었으므로, 오존 생성률 역시 해마다 감소했을 것으로 보인다. 이 영향만으로도 오존 전량이 감소하는 비율은 매년 0.2% 정도였다는 것을 이론적으로 계산할 수 있다. 또한 장기간 관측 과정에서 인공위성 측정기의 기준이 다소 어긋났을 가능성도 있다.

	30–39N	40–52N	53–64N
겨울의 평균	−2.3	−4.7	−6.2
여름의 평균	−1.9	−2.1	+0.4
연평균	−1.7	−3.0	−2.3

표 7 도브슨 분광계를 이용한 오존 전량의 변화
(1969~1986년, 단위: %, NASA 오존 트렌드 패널 1983년 3월 보고 기준)

특히 확산판의 열화로 인해, 실제보다 오존이 해마다 감소한 것처럼 관측될 가능성이 있다. 도브슨계에 의한 지상 관측 결과와 비교해 추정하면 이러한 기준의 계통적 어긋남에 의한 겉보기 오존 전량의 감소율은 매년 0.39%나 되게 된다. 태양 활동 변화와 측정기 기준의 계통적 어긋남에 대한 보정을 적용하면, 이 7년 동안의 실제 오존 전량의 감소율은 매년 0.15%의 비율이 된다.

인공위성 관측에서는 측정기 기준의 계통적 어긋남이 장기간 변화를 파악하는 데 결점으로 작용하며, 이러한 문제는 관측 결과의 신뢰도에도 큰 문제를 던져 준다. 장기적으로는 이 문제를 제거할 수 있는 방법을 마련하거나, 이론적으로 타당한 보정을 수행할 수 있도록 관측 장비를 개선하는 것이 바람직하다.

지상 관측에서는 이런 경우에는 수시로 기기를 보정할 수 있으므로, 보정 작업이 상대적으로 용이하다는 장점이 있다. 지상에서 도브슨 분광계를 써서 성층권 오존을 관측한 역사는 오래되었고, 특히 북반구에서는 여러 지점에서 장기간에 걸쳐 지속적으로 수행되어 왔다.

오존량의 장기 변화를 검토하기 위해 설치된 NASA의 오존 트렌드 패널은 지상 관측 결과를 조사한 결과, 1988년 3월에 〈표 7〉과 같은 결과를 발표했다. 이 표는 1969년부터 1986년까지 17년 동안의 오존 전량이 변화한 비율을 세 개 위도대로 구분하고, 이를 다시 여름과 겨울로 나누어 제시한 것이다. 이것을 보면 일반적으로 겨울철의 감소율이 여름철보다 더 크며, 같은 겨울이라도 고위도로 갈수록 변화율이 크다. 여름철의 변화는 불규칙해 북위 40~52°에서는 감소가 가장 크게 나타나느 반면, 북위 53~64°에서는 오히려 소폭 증가하는 것으로 나타난다. 세 위도대의 연평균값을 다시 평균해 세계적 경향을 살펴보면 전체적으로 2.3% 감소한 것으로 나타나며, 이를 연율로 환산하면 매년 0.135%의 감소율이 된다. 이 값은 앞서 인공위성으로 관측에서 얻어진 결과(0.15%)와 거의 일치한다. 그러나 이러한 겉보기상의 일치는 인공위성 관측에서 측정기 기준의 어긋남을 보정했기 때문에 당연한 결과이다(양자의 근소한 차이는 해석을 실시한 기간이 다르기 때문이다).

6. 프레온의 온실 효과

〈표 5〉에는 여러 분자의 온실 효과에 대한 계산 결과가 제시되어 있는데, 이를 보면 이산화탄소 이외의 분자의 온실 효과도 상당히 크다. 특히 프레온에 의한 흡수가 일어나는 10㎛ 부근은 장파복사가 강한 곳이기 때문에(〈그림 47〉 참조) 이산화탄소 흡수가 15㎛으로 복사 곡선의 기슭에서 일어나는 것과 달리 복사의 흡수와 재복사가 더욱 강하게 일어난다. 그 결과 프레온의 온실 효과의 이산화탄소보다 크게 나타난다.

〈표 5〉의 계산으로는 프레온의 증가율로서 20배라는 큰 값이 가정되어 있다. 그러나 기준량(현재량)이 매우 작기 때문에 실제로 대기에 추가되는 프레온 분자 수는 1.25배 증가를 가정한 이산화탄소의 경우보다 훨씬 적다. 그럼에도 계산된 프레온에 의한 온실 효과(0.54℃)가 이산화탄소의

0.79℃와 크게 다르지 않다는 사실은 분자 하나당 온실 효과만 놓고 보면 프레온이 이산화탄소보다 훨씬 크다는 뜻이 된다. 〈표 5〉의 결과를 바탕으로 계산하면 프레온 한 분자는 이산화탄소 한 분자보다 약 1만 4,000배나 큰 온실 효과를 일으킨다고 할 수 있다.

최근 문제가 되고 있는 CFC113이나 CFC114프레온의 온실 효과도 매우 큰데, CFC12의 값의 각각 0.8배와 1.9배에 이르는 것으로 알려져 있다. 이처럼 대기 중 프레온 농도가 대량으로 증가하면 성층권 오존이 감소할 뿐만 아니라 대류권에서도 온실 효과가 강화되어 지구 온난화를 더욱 가속하게 된다. 따라서 이러한 변화가 지구 환경에 미치는 영향은 매우 중대하다고 할 수 있다.

덧붙여 말하면 온실 효과를 일으키는 주요한 미량 성분의 1975년에서 1985년 사이에 일어난 증가율은 이산화탄소가 4.6%, 메탄이 11%, 일산화이질소가 3.5% CFC11가 103%, CFC12가 101%로 관측되어 프레온의 증가율이 압도적으로 큰 것을 알 수 있다.

프레온 등 이산화탄소 이외의 가스에 의한 온실 효과는 전체의 25%가 된다고 한다. 또한 이들 가스는 성층권 오존 감소에도 큰 역할을 다하는 것이기도 하다. 즉 성층권에서는 메탄이 수소 산화물의, 일산화이질소가 질소 산화물의, 그리고 CFC는 염소 산화물의 기원이 된다. 이렇게 생성된 각 산화물은 오존 소멸을 일으키는 촉매 작용에 중요한 작용을 한다.

7. 프레온의 생산 · 사용 규제의 발자취

1974년에 프레온이 성층권 오존을 파괴할 수 있다는 문제가 롤랜드 교수 등에 의해 제기되었다는 사실은 앞에서 언급한 바 있다. 당시에는 마침 SST문제가 떠들썩하게 논의되던 중이었고, 미국 사람들 사이에서 공해 문제에 관한 의식도 높아져 있었다. 이러한 배경 속에서 프레온 문제는 큰 관심을 불러일으켰다. 의회는 베트남 전쟁 이래 가장 많은 민원을 일반 시민으로부터 받았으며, 그해 12월에는 최초의 공청회가 열렸다.

1975년 6월에는 천연지원보호위원회(NRDC)는 소비자제품안전위원회(CPSC)를 상대로, 에어로졸 분사기에서 프레온 사용을 금지하도록 요구하는 소송을 제기했다. 그러나 CPSC는 프레온이 성층권 오존을 파괴한다는 사실을 입증할 충분한 증거가 없다는 이유로 이 소송을 기각했다.

1976년 9월, 미국의 과학아카데미(NAS)는 롤랜드-몰리나의 이론이 옳다고 인정하면서도 정부가 프레온 규제를 단행하는 것은 연기해야 한다는 견해를 발표했다. 그러나 환경보전국(EPA)과 식품 · 의약품을 관리하는 부국 등의 정부 기관은 프레온을 사용하는 분사기를 금지해야 한다고 제안했으며, 국제연합 환경계획 프로그램에서도 이 문제를 검토하기 시작했다.

이보다 앞서 1975년 6월, 자연환경 보호에 특히 활발했던 오리건주가 먼저 프레온을 사용한 에어로졸 분사기를 주 안에서 사용하는 것을 금지하기로 결정하고, 1977년 3월부터 이를 시행했다. 프레온 제조 공장이 있는 캘리포니아 텍사스 등 일부 주 의회는 금지 조례 제정에 난색을 표했으나, 1978년 10월 워싱턴 DC의 연방 정부는 프레온을 에어로졸 분사기에 사용하는 것을 금지하는 법안을 통과시켜, 이듬해 4월부터 시행하기로 결정했다.

1979년 11월 과학아카데미는 두 번째 보고서를 발표하며 프레온으로 인한 성층권 오존 감소가 16.5%에 이를 것이라고 밝혔다. 이러한 큰 감소율 전망이 발표된 직후 1980년 4월, 카터 행정부의 EPA장관은 프레온 생산을 금지하겠다는 방침을 내놓았다. 그러나 곧 출범한 레이건 정권에서 새로 취임한 EPA장관은 기자 회견에서 "프레온과 성층권 오존에 관한 이론은 고도의 논의가 필요한 문제"라고 말하며 규제에 소극적인 태도를 보였다. 다시 레이건 정권 초기에는 새로운 프레온 규제로 인해 손해를 입을지도 모르는 중소기업을 보호한다는 명목으로 공청회를 열고 기업 보호를 우선시하는 방향으로 정책이 전개되어, 프레온 규제에 사실상 제동이 걸렸다.

한편 1982년 3월에 제출된 과학아카데미의 세 번째 보고서는 성층권 오존 감소율이 이전보다 크게 낮아진 5~9%에 이를 것이라고 발표했다. 이렇게 과학아카데미의 보고가 크게 변하자, 프레온 생산업체들 사이에서는 "프레온과 성층권 오존에 관한 이론에 오류가 있는 것 아니냐"는 비판이 높아졌고, 프레온 규제 문제는 정치 문제로까지 발전해 더욱 격렬한 분규로 이어지게 되었다.

이로부터 몇 년 동안은 프레온에 의한 성층권 오존이 감소할 것을 우려해 온 과학자들에게 매우 고통스러운 시기가 이어졌다. 레이건 정권 초기에는 규제에 대한 소극적 태도에 힘을 얻은 프레온 관계 기업의 반격이 거세졌고, 일부 과학자 중에서도 "이론 자체는 맞더라도 자연의 자기 회복력이 매우 크기 때문에 성층권 오존이 크게 감소하는 일은 일어나지 않을 것"이라고 주장하는 사람도 있었다.

1984년 2월, 과학아카데미는 네 번째 보고서에서 프레온으로 인한 성층권 오존 감소 예상치를 다시 낮춰 2~4%라고 발표했다. 이러한 예상 감소율의 조정은 성층권 내 화학 변화를 재검토한 결과에서 비롯된 것이었다. 이는 관련 과학자들이 이 문제를 매우 신중하게 검토하고 있었음을 보여주는 것이지, 프레온과 성층권 오존 문제의 본질이 달라졌다는 뜻은 아니었다.

그러나 롤랜드 교수 등 과학자들의 주장이 공식적으로 인정되어 프레온과 같은 유해 물질에 대한 세계적 규제가 시행되기 위해서는, 실제로 성층권 오존이 감소하고 있다는 명확한 증거가 제시되지 않는 한 가능성이 매우 낮은 상태였다. 이러한 불안정하고 복잡한 상황을 단번에 해소하고, 프레온 규제에 관한 국제 협정이 성립하는 방향으로 분위기를 전환시킨 결정적 계기는 바로 남극 오존홀의 발견이었다.

이에 대해서는 다음 장에서 자세히 설명하겠지만 여기에서는 프레온 규제와 관련된 국제적 사건들을 연대순으로 살펴보기로 한다.

에어로졸 분사기에 사용되는 프레온11이나 프레온12의 제도·사용을 미국이 금지한 직후, 캐나다와 북유럽 여러 나라들은 1978년에서 1980년에 걸쳐 이들 물질의 제조와 수입을 전면 금지했다. 서유럽의 다른 나라에서도 생산을 동결하는 조치가 취해졌으며, 일본에서도 최근 생산량이 정체되는 추세를 보이고 있다. 그러나 이른바 하이테크 산업의 발전으로 부품 세정에 사용되는 프레온113 등의 수요가 급격히 증가되면서 전 세계 프레온 전체 생산량은 최근 들어 두드러지게 늘어나고 있다(〈그림 53〉참조).

미국 정부는 프레온113을 포함한 프레온 전체의 생산 · 사용에 대해 적극적으로 반대하는 태도를 보였고, 의회도 이를 지지해 왔다. 그러나 프레온 규제는 한 나라나 몇몇 나라의 노력만으로는 효과를 거둘 수 없으므로 국무성(일본의 외무성에 해당)과 EPA가 중심이 되어 국제 협력을 추진하기 위해 노력해 왔다. 특히 프레온113의 규제와 관련해서는 서유럽 여러 나라와 일본의 소극적 태도가 오랫동안 걸림돌이 되었으나, 최근 국제연합의 환경 계획이 주관한 국제회의에서 '오존층 보호를 위한 비엔나 협약(1985년 5월)'과 '오존층을 파괴하는 물질에 관한 몬트리올 의정서(1987년 9월)'가 각각 27개국과 31개국의 서명을 받아 채택되었다. 이들 협약과 의정서는 1988년 12월 16일 유럽공동체(EC) 회원국들의 일괄 가입으로 필요한 비준국 수를 충족함에 따라 1989년 1월 1일부터 발효되었다. 일본 국회에서의 승인(비준)은 1988년 4월 27일에 이루어졌다.

몬트리올 의정서에서 규제 대상이 된 것에는 프레온 11, 12, 113 외에 114와 115를 포함한 5개의 프레온 외에 3개의 할론(halon)이 포함되어 있다. 할론은 메탄이나 에탄 중의 수소 원자를 플루오르와 염소뿐만 아니라 브롬(Br)을 포함한 3개의 원자로 치환한 것이다. 이러한 원소들은 일반적으로 할로겐 원자라고 불리는 동족 원소이며, 브롬 산화물의 오존 파괴 촉매 작용은 염소 산화물보다 더 강한 것으로 알려져 있다. 이 때문에 할론이 대기 중에 방출될 경우 성층권 오존을 한 층 더 파괴할 위험성이 있다.

또한 할론은 소화 작용이 뛰어나고 대상물을 오염시키지 않기 때문에 위험물 저장고 등의 소화제로 널리 사용되어 왔다. 이 밖에도 할론에는 군사용으로도 활용된다. 몬트리올 의정서에 따르면 프레온과 할론의 생산·소비는 우선 1986년 수준에서 동결하고, 앞으로 10년에 걸쳐 절반으로 감축하기로 결정되었다.

1988년 3월 15일 NASA가 실시한 오존 트렌드 패널 조사에서는, 현재까지 프레온으로 인해 감소한 것으로 추정되는 성층권 오존량이 전 세계으로 연평균 약 2.5%에 이른다고 보고했다(〈표 7〉 참조). 이 값은 그 겨우 반 년 전 몬트리올 회의에서 발표된 0.5%보다 5배나 큰 수치였다.

다시 1987년 남극의 봄철에 관측된 결과에 대한 해석이 진전되면서 오존홀이 더욱 심각하게 확대되고 있다는 사실이 판명되었다. 이들 사태를 중대하게 받아들여 몬트리올 의정서를 재평가하기 위한 회의가 1989년 5월 헬싱키에서 열렸다. 그 결과 5개의 프레온에 대해서는 '2000년까지 가급적 빠른 시기에 전면 폐기할 것', 3개의 할론에 대해서도 '실행할 수 있는 한 빨리 삭감할 것'이라는 헬싱키 선언이 옵서버를 포함한 참가 80개국의 만장일치로 채택되었다.

8. 프레온 대체품의 개발은 가능한가?

오존 트렌드 패널의 발표 직후인 1988년 3월 24일, 미국에서 프레온을 가장 많이 생산하던 뒤퐁사는 그 생산을 전면 중단하겠다는 방침을 내놓았다. 뒤퐁사는 그 직전까지는 근거가 충분하지 않다며 규제에 반대하는 입장이었음에도, 갑작스럽게 이러한 결단을 내렸다. 이는 만약 프레온이 실제로 성층권 오존을 감소시키는 것으로 판명된다면 그 책임은 매우 중대하며, 단일 기업이 감당할 수 있는 수준을 넘어선다는 위기감이 작용했기 때문이라고 여겨진다. 이와 함께 그 결정의 배경에는 프레온 대체품 연구가 상당히 진척되었거나 적어도 유망한 전망이 확보되고 있다는 판단도 작용한 것으로 보인다. 실제로 각 기업은 프레온 대체품 개발에 본격적으로 착수하고 있으며, 그 성과가 가까운 장래에 열매를 맺을 것으로 기대해도 될 것이다.

프레온 대체품에 요구되는 조건은 안전성, 무독성, 낮은 끓는점, 약한 표면 장력, 경제성 등 기존 프레온과 유사한 성질을 갖추는 동시에 화학적으로는 불안정해 대기 중에서 빠르게 분해되는 것이다. 이를 위해 사용하는 한 가지 방법은 메탄이나 에탄 중의 수소 원자를 모두 할로겐으로 치환하지 않고 일부 수소 원자(H)를 남겨 두는 방식이다. 이렇게 불안정해 일산화수소(OH)와 쉽게 반응해 분해되므로, 성층권에 층권에 도달하기 전에 대부분 소멸된다.

CFC11이나 12의 대체품으로 유망시되고 있는 CFC123이나 134a

는 10자리의 숫자가 각각 2와 3이므로 〈그림 52〉의 규칙에서도 알 수 있듯이 각각 1개와 2개의 H원자를 가지고 있다. 이처럼 H원자를 포함하는 프레온을 오존층에 악영향을 미치는 프레온(CFC)과 구별하기 위해 최근에는 HCFC라는 기호로 부르는 일이 많다. 예를 들면 앞에서 언급한 프레온 123은 HCFC123인데, 프레온 134a의 경우에는 염소가 없으므로 HCF134a라고도 한다. 여기에서 a가 붙는 것은 같은 원자로 된 분자이고, 원자 배열이 다르다는 것을 구별하기 위해 붙이는 기호이다. 〈표 6〉의 CFC22도 1개의 H를 가진 프레온의 한 예이므로 HCFC22라고 불러야 한다. 이 프레온은 가정용 냉방에는 적합하지만 고온·고압에서 작동해야 하는 자동차용 냉방에는 적합하지 않다.

이 밖에도 여러 종류의 대체품 개발이 검토되고 있으나, 기업의 기밀에 해당하는 부분이 많아 그 내용을 자세히 소개하기는 어렵다. 원리적으로는 대체품 개발 자체가 매우 어려운 일은 아니지만 막대한 개발 비용과 설비 투자가 필요하므로 경제성도 고려해야 한다. 개발된 물질은 모든 면에서 안전하고 발암성이 없으며, 온실 효과 측면에서도 문제가 없다는 점이 확인되어야 하므로, 상당히 긴 세월이 걸릴 것임은 분명하다.

CFC131 등을 일렉트로닉스 부품의 탈지·세정에는 알코올, 아세톤, 계면 활성제 등을 혼합한 액체가 사용된다. 이 액체가 폐기될 때에는 성분의 기화로 인해 일부가 대기 중으로 방출될 수 있다. 또한 한 번 사용한 폐액을 자동 세정 장치에서 가열 증류한 뒤 냉각·응축하여 원래대로 되돌릴 때 일부 응축되지 못하는 부분이 기체로 대기 중에 방출된다. 이러한 폐액을 완전히 회수한다면 프레온이 대기 중으로 방출되는 것을 효과적으로 막을 수 있다.

또한 최근 미국에서 중요시되고 있는 자동차 냉방에 사용되는 프레온에 대해서도 냉방 장치에서 프레온이 새지 않도록 관리하는 동시에 폐차 과정에서 냉방 장치를 회수해 그 안의 프레온을 빼내면 대기 중에 방출되는 것을 상당히 방지할 수 있을 것이다.

12장

남극 오존홀은 왜 생기는가?

1. 남극에서의 이상 현상 발견

일본의 남극 관측 기지인 쇼와(昭和) 기지(〈그림 62〉)에서 1982년에 월동하며 도브슨 분광계를 사용해 성층권 오존을 관측하던 기상 연구소의 주하치 연구관은 남극의 봄에 해당하는 9월에서 10월 사이에 성층권 오존 밀도가 이상적으로 낮다는 것을 알아냈다.

〈그림 63〉에는 태양광, 천정광(川頂光), 월광 등 다양한 빛을 사용해 주하치 씨가 성층권 오존을 관측한 결과가 제시되어 있다. 남극의 겨울에는

그림 62 남극 관측을 위한 일본의 쇼와(昭和) 기지(교도통신 제공)

태양이 전혀 비치지 않기 때문에, 관측은 주로 달빛을 이용해 이루어진다.

고위도에서 성층권 오존의 계절 변화를 보면 〈그림 21〉에 나타난 것처럼 이른 봄에 오존량이 가장 많아야 한다. 그러나 주하치 씨의 관측에서는 오히려 봄에 오존이 가장 적게 나타나, 처음에는 큰 당혹감을 느꼈다. 기기의 고장이거나 어떤 실수로 인한 관측 오차일지도 모른다고 생각한 그는, 이듬해인 1983년 겨울에 더욱 주의 깊게 관측을 실시했다. 그 결과 같은 현상이 다시 나타났을 뿐 아니라 전년도보다 더욱 뚜렷하게 나타나고 있음을 발견했다. 주하치 씨는 이 이상 현상에 대한 발견을 1984년

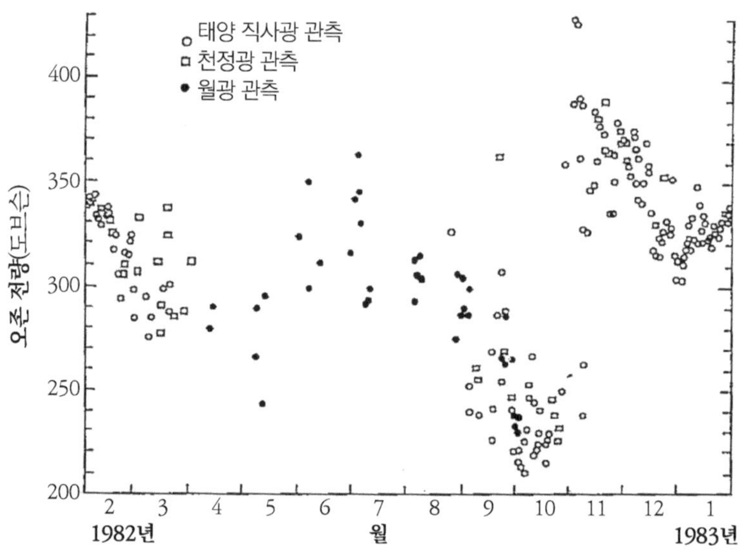

그림 63 쇼와(昭和) 기지에서 1982년에 관측된 성층권 오존량 변화. 9~10월에 오존이 비정상적으로 감소했음을 보여준다.(기상 연구소 주하치 연구원 작성)

5월 그리스에서 열린 성층권 오존 국제회의에서 발표했다.

같은 무렵 영국의 남극 기지 핼리 만 기지에서도 파먼(Joe Farman) 일행은 1982년부터 3년 연속으로 9월과 10월에 발생한 이상 현상 때문에 골치를 앓고 있었다.

파먼은 1957년부터 30년 가까이 핼리 만 기지에서 오존과 다른 미량 성분을 관측해 온 베테랑이었다. 그는 만약 이번 이상 현상의 원인이 자신들의 관측 기기 문제로 판명될 경우, 그동안 어렵게 이어져 온 남극 성층권 오존 관측 사업의 예산이 이번이야말로 중단되지 않을까 하는 위기감을 느끼고 있었다.

주하치 씨의 발표를 접하고, 문제가 기기 결함이 아니라 분명한 자연 현상이라는 확신을 갖게 된 파먼은, 이미 성층권 오존과 프레온 문제에 관심을 가지고 있었으므로 이것이 프레온에 의해 성층권 오존이 감소한 결과일 가능성을 곧 떠올렸다. 이후 그는 자신의 관측에서 확인된 성층권 오존 감소가 프레온의 영향에 의한 것이라는 내용의 논문을 1985년 5월의 『네이처』지에 발표했다.

같은 해 8월에는 인공위성의 관측 데이터를 다시 조사한 결과, 오존홀이 이미 관측되고 있었음이 확인되었다. "더 주의 깊게 데이터를 관찰했더라면 남극 오존홀은 인공위성이 먼저 발견했을 텐데"라는 비판도 제기되었으나, 인공위성에서 차례차례 쌓여 가는 방대한 관측 자료를 신속하게 처리해 새로운 발견으로 연결하는 일이 얼마나 어려운지 밝혀져 이러한 분석 체계의 개선 필요성이 제기되고 있다.

이런 일련의 사건에 자극되어 뜻있는 과학자들은 1986년에 3월에 의론해 그해 겨울에 남극으로 특별 탐험대를 파견할 계획을 세웠다.

제1차 탐험대는 NASA와 NSF(National Science Foundation, 미국과학재단)의 임시 특별 예산 지원을 받아 짧은 준비 기간에도 불구하고 필요한 장비를 갖추었고, 5개월 후에는 남극으로 향해 출발할 수 있었다.

탐험대는 아주 추운 맥머도(McMurdo)기지에서 기구를 띄우고, 가혹한 남극의 자연환경과 싸우면서 측정기의 이상이나 조작의 어려움을 극복하며 예상보다 훨씬 뛰어난 결과를 얻는 데 성공했다. 대장인 솔로먼(Susan Soloman)은 오존홀에서 관측된 오존 감소가 화학 반응에 의한 것이라는 확신을 얻었고, 이러한 견해를 기자 회견에서 밝혔다. 그러나 공기의 운동 등 기상 조건의 변화가 원인이라고 생각하는 일부 과학자 중에는 "화학자인 솔로먼은 편견에 사로잡혀 기상학자들의 의견을 무시했다"며 비판하기도 했다.

1987년에는 전년도 탐험대가 얻은 결과를 재확인하고 보다 정밀한 관측을 수행하기 위해 두 번째 탐험대가 파견되었다. 이번에는 충분한 준비 기간이 있었기 때문에 NASA 에임즈 연구소의 ER2 항공기를 사용하기로 했다. 이것은 성층권에서 직접 관측을 수행할 수 있어 이전의 지상 관측보다 훨씬 뛰어난 방식이었다. 그러나 NASA는 이 항공기를 남극의 겨울 상공에서 비행해 본 경험이 없었기 때문에 상당한 위험이 따르는 일이었다.

그러나 일의 중대성을 고려할 때, NASA와 ER2 비행사 모두 위험을 무릅쓰고 이 관측을 수행하기로 동의했다. 그리고 화학 반응설의 결정적 증거가 되는 일산화염소(ClO)의 농도나 극성층권운(極成層圈雲, 나중에 4절에서 자세히 설명한다)의 성층권 내에서 관측을 중점적으로 하여 기온의 변화 등도 정밀하게 관측하기로 했다. 제2차 탐험대는 1987년 겨울 남극 상공에서 성층권 관측을 성공적으로 마치고, 오존홀이 염소 산화물의 촉매 작용에 의해 발생한다는 사실을 거의 확정적으로 알아냈다.

이어서 이러한 비행기 관측뿐 아니라 지상 및 인공위성 관측에서 밝혀진 오존홀의 실태에 대해 설명하겠다.

2. 남극 오존홀의 특질

남극 오존홀이 정식 이름은 '남극의 봄 기간 동안의 성층권 오존의 이상적인 감소'이며 오존이 아주 없어져 구멍이 뚫려 있거나 1년 중 오존이 계속 감소하는 것은 아니다. 9월과 10월 이외는 거의 예년과 변함없는 오존량이 존재한다. 그리고 이러한 이상 현상은 1979년 이전 관측에서는 볼 수 없었던 것이다.

쇼와 기지와 남극점에서의 10월 오존 전량이 1979년 이후 불규칙하게 변동하면서도 매년 감소하는 모습은 〈그림 64〉에 나타나 있다. 마지막 해인 1988년에 오존량이 증가하고 있는데, 이에 대해서는 뒤에서 다시 설명할 것이므로 여기서는 이를 제외하고 논의하기로 한다.

현재 남극 대륙에서 정기적으로 오존을 관측하는 관측소는 쇼와 기

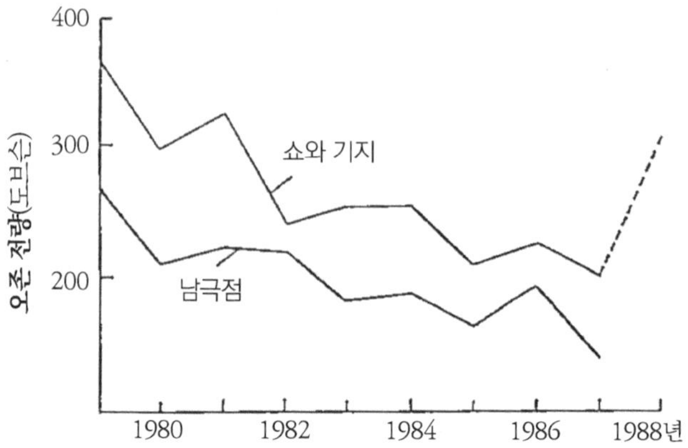

그림 64 쇼와(昭和) 기지와 남극점에서의 10월 오존 전량 변화

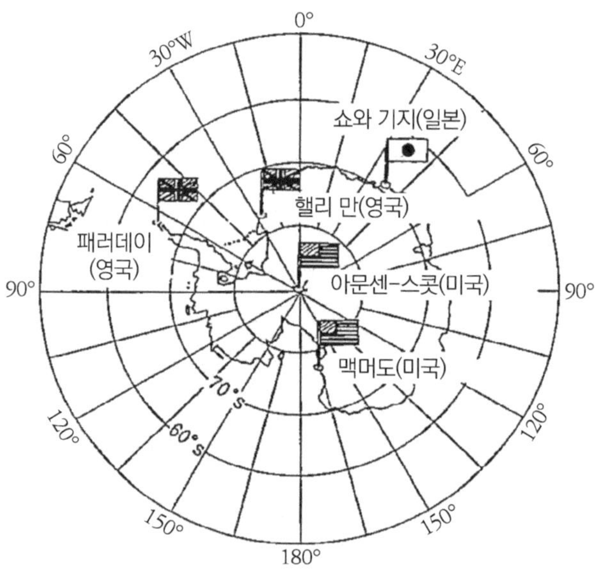

그림 65 남극 대륙에서 성층권 오존을 정기적으로 관측하는 관측 기지

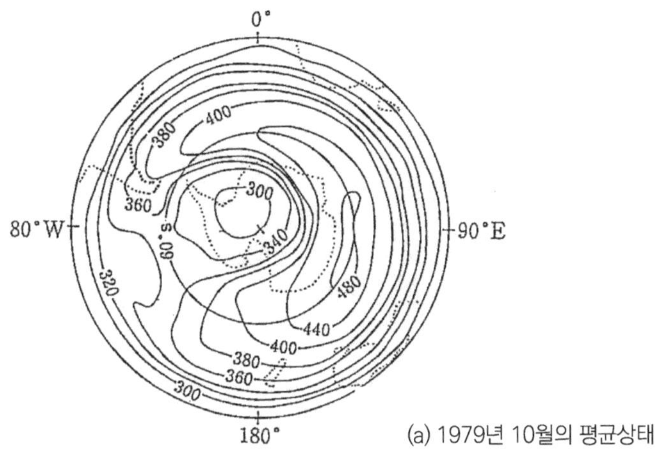

(a) 1979년 10월의 평균상태

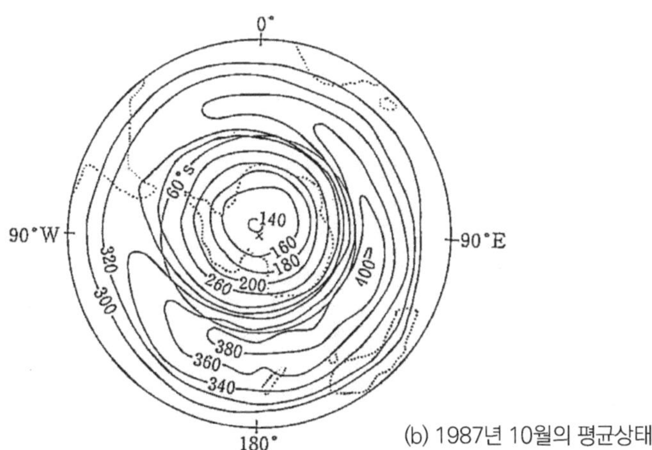

(b) 1987년 10월의 평균상태

그림 66 인공위성으로 관측한 남극의 오존 전량 분포. (a)1979년 10월, (b)1987년 10월 관측 (책 앞부분의 컬러 사진 참조)

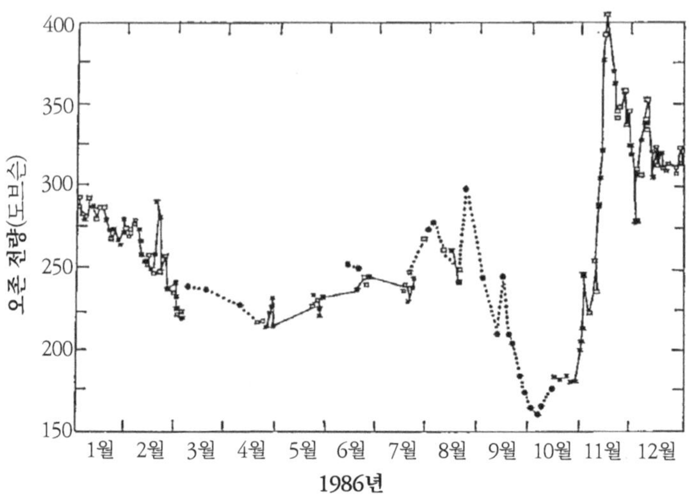

그림 67 1986년 남극점에서의 오존 전량 변화

지를 포함해 〈그림 65〉에 나타난 다섯 곳이다. 파먼 등의 보고에 따르면 영국의 핼리 만 기지(남위 75.5°)에서 1984년 10월에 관측된 오존 전량은 1957년부터 1973년까지의 평균값에 비해 30~40%나 감소했다. 반면 같은 영국의 패러데이 기지(남위 65.3°)에서는 거의 변화가 없었다. 쇼와 기지의 위도는 남위 69°이며, 두 영국 기지의 중간 위도에 자리한다. 일반적으로 오존홀이 나타나는 지역은 남위 70°보다 고위도이며, 동경 30°에서 서경 60° 사이로 알려져 있다.

그 이후 인공위성 관측에 따르면 1987년에는 오존 감소 영역이 극점을 포함한 전역에 퍼져 있었다. 〈그림 66〉 (a)와 (b)는 각각 오존홀이 없던 1979년 10월과 오존홀이 뚜렷하게 나타난 1987년 10월의 오존 전량 분포를 보여준다. 1987년의 남극점 주변 오존 전량은 140도브슨으로, 1979년의 값(300도브슨)에 비해 절반 이하로 감소했음을 확인할 수 있다.

오존홀이 진행된 1986년 남극점의 일일 오존 전량 변화는 〈그림 67〉에 나타나 있다. 9월에서 10월에 걸친 감소가 두드러지며, 11월에는 오존

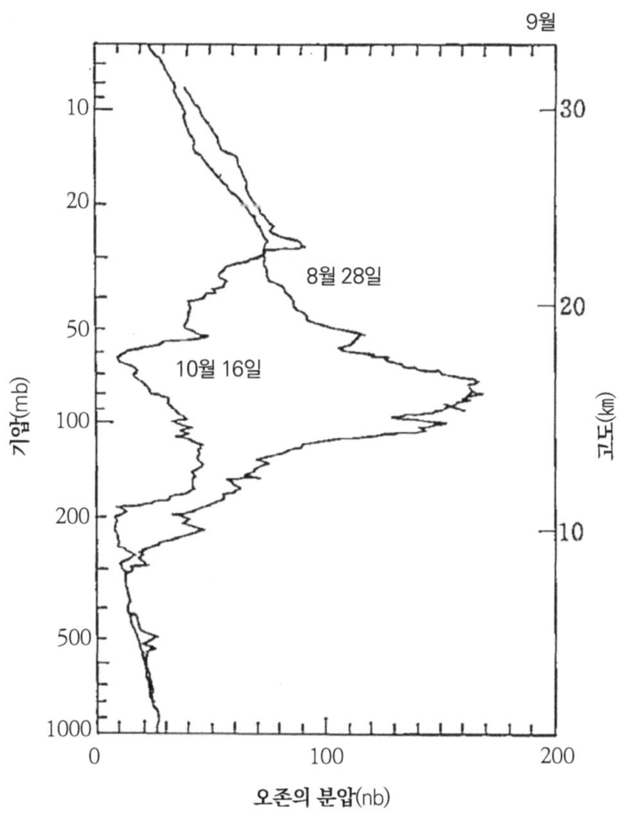

그림 68 맥머도 기지에서의 오존홀이 없을 때(1986년 8월 28일)와 오존홀이 있을 때(1986년 10월 16일)의 오존 분압의 고도 분포

량이 매우 빠르고 크게 회복되는 모습이 확인된다. 회복이 급격하고 크다는 것을 보여준다.

오존홀이 발달했을 때 어느 높이의 오존이 감소하는지를 보여주기 위해 〈그림 68〉에서는 미국의 맥머도 기지에서 관측된 1986년 8월 28과 10월 16일의 오존 분포를 비교했다. 10월 16일의 오존 분포를 보면, 12㎞에서 20㎞ 사이의 하부 성층권에서 오존 밀도가 현저히 감소했음을 알 수 있다.

1987년 9월 16일에 ER2기에 의해 고도 18㎞에서 관측된 오존과 일산화염소(ClO)의 위도별 변화는 〈그림 69〉와 같다. 위도 70° 이상 고위도

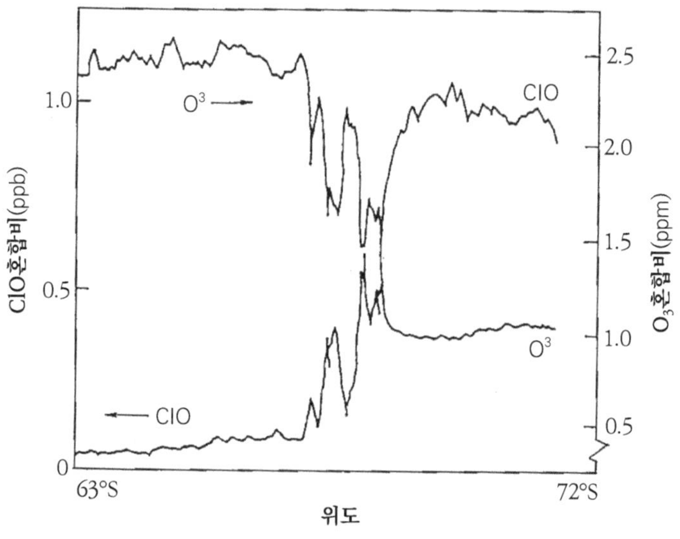

그림 69 ER2기로 관측한 오존과 일산화염소의 위도 분포(1987년 9월 16일, 남반구 고도 18㎞ 관측)

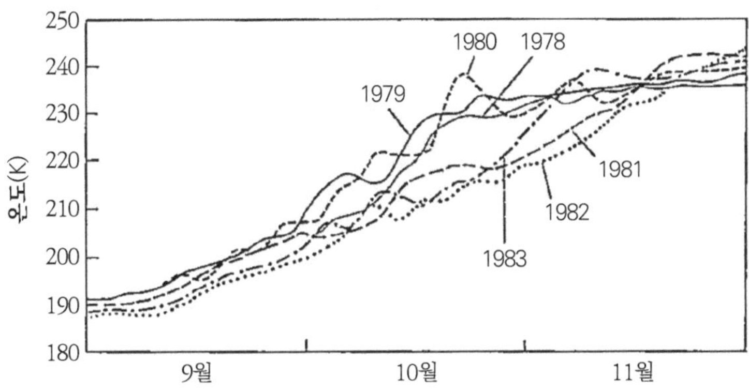

그림 70 남반구 고위도에서 30mb 고도의 기온 변화를 나타낸 것으로, 1979년부터 1983년까지 9월에서 11월 사이의 변화를 보여준다.

지역에서는 일산화염소 농도가 급격히 증가함과 동시에 오존 농도가 감소하고 있음을 확인할 수 있다.

또한 제2차 탐험대는 오존홀 속에서 질소 산화물(NO_2나 NHO_3)이 적다는 사실도 확인했다. 이러한 여러 관측 결과, 특히 〈그림 69〉에서 나타난 사실은 오존홀이 프레온에 의해 일어난다는 것을 나타내는 결정적인 증거가 되었다. 이로써 모든 반대 의견은 사라지고, 프레온이 성층권 오존을 감소시키고 있다는 사실이 세계의 과학자, 정치가, 기업가를 포함한 모든 이들에게 받아들여지게 되었다. 그 결과 프레온 규제를 위한 세계적 합의도 급속히 진전되었다.

다음으로 오존홀이 발달할 때의 기온 변화에 대해 알아보자. 〈그림 70〉는 남반구 고위도(70~80°) 하부 성층권에서 9월부터 11월까지 나타나는 기온 변화를 보여준다.

10월의 기온을 보면 해마다 하강하는 경향이 나타나며, 특히 1978~1983년의 자료를 비교해 보면 후자의 온도 쪽이 전자보다 낮다. 이는 오존홀이 발달한 해의 10월 기온이 오존홀이 발달하지 않은 해의 기온보다 낮다는 것을 의미한다. 또한 〈그림 70〉에서 알 수 있듯이, 11월에 들어서면서 겨울에서 여름으로 넘어가는 시점에 온도가 '최종적으로 상승'함을 확인할 수 있다.

남극에서는 6월에서 7월에 걸친 한겨울에 기온이 가장 낮아지며, 이때 기온은 190K 이하로 떨어진다. 이러한 혹한 속에서 극지방 성층권에 특유한 극성층권운이 많이 발달한다. 이 구름은 질산이 섞인 얼음 입자로 이루어져 있으며, 오존홀이 발달하는 9월에서 10월 사이 봄철에는 기온 상승과 더불어 증발하여 서서히 소멸한다. 다시 설명하겠지만, 극성층권운의 생성과 소멸은 오존홀의 생성과 발달에 밀접한 관련이 있음이 밝혀졌다.

3. 운동 효과인가, 광화학 작용인가?
프레온이 그 주요 원인인 것으로 보인다

오존홀이 왜 생기는지를 이해하기 위해서는, 앞에서 말한 오존홀의 여러 특성을 모두 설명할 수 있는 기구를 생각해 보아야 한다.

성층권 오존이 변화하는 원인은 광화학 작용이거나 기상학적 운동의 효과 가운데 하나이므로, 오존홀 생성에 이 두 요인이 어떻게 관여하는지를 밝히는 것이 핵심적인 과제가 된다. 만일 오존홀의 원인이 광화학 작용에 있다면, 이는 오존이 실질적으로 감소하고 있음을 의미하며, 그것이 프레온의 영향일 가능성이 있다. 그러나 오존홀의 원인이 운동의 효과이면 단지 오존의 분포 상태가 달라진 것에 불과하므로 프레온의 영향은 부정될 것이다.

1) 운동의 효과설

〈그림 68〉을 보면 오존홀 속에서는 하부 성층권인 12㎞에서 20㎞ 높이에서 오존이 급격히 감소하고 있다. 일반적으로 하부 성층권에서는 오존의 광화학적 수명이 길기 때문에 오존 밀도는 운동 효과에 따라 결정된다는 점은 1장 4절에서 설명한 것과 같다. 따라서 남극의 오존홀도 운동의 효과로 일어난다고 생각하는 것은 극히 자연스러운 일이다.

그런데 〈그림 68〉의 10월 16일 오존 수직 분포를 보면, 〈그림 22〉에 제시된 저위도(5N) 분포와 비슷하다. 저위도의 오존 분포의 경우에 25㎞ 이하의 하부 성층권에서 오존이 적은 것은 적도 부근의 상승 기류로 인해 오존이 적은 대류권 공기가 성층권에 반입되는 것과 적도로부터 중·고위도로 향하는 공기 흐름에 따라 오존이 고위도로 운반되는 것이 원인이었다.

이 때문에 남극 오존홀의 경우에도, 예를 들어 엘 치촌 화산 폭발로 성층권까지 뿜어올라간 분진이 남극 상공에 머물면서 태양 광선을 흡수한 결과 성층권 대기가 가열되어 상승 기류가 생겨 오존을 감소했다는 견해가 제기되었다. 그러나 이러한 영향이 9월과 20월에만 일어난다는 것과 그것이 증가하면서 1987년까지 지속되었다고 생각하기는 어렵다.

고위도에서 관측되는 오존이 주로 중·저위도에서 수송되어 온 것이 아닌가 추리하는 것도 자연스러운 일이다. 만약 그렇다면 수송되지 않고 남은 오존이 중위도에 축적되어 그 지역의 오존량이 증가해야 한다. 그러나 남극의 오존홀이 해마다 커지고 있음에도 중위도에서 오존이 증가하고 있다는 증거는 전혀 없다. 오히려 남반구 중위도의 성층권 오존도 해마다 감소하는 경향을 보이고 있다.

이러한 점들을 고려할 때, 남극의 오존 감소를 대기 운동의 효과만으로 설명하기는 어려워 보인다. 대규모적인 운동이든 극지적인 운동이든 어떤 형태의 운동이라도 대량의 오존이 남극 상공으로 유입되는 것을 막거나 그곳에서 오존을 운반해 내는 것은 쉽지 않다. 더욱이 오존홀 속에서 일산화염소가 늘어나고 질소 산화물이 감소하는 현상을 동일한 운동 효과만으로 설명하는 것은 불가능하다.

그러나 운동 효과설이 전혀 설득력이 없는 것은 아니다. 오존을 수송하는 운동은 열량(熱量)도 수송하므로 운동 효과로 오존홀을 설명하려는 이론에는 온도 저하를 동시에 설명할 수 있다는 장점이 있다. 상승 기류가 존재할 경우 단열 팽창으로 온도가 낮아질 수 있다고도 볼 수 있다.

이에 대해서 다음에 설명할 광화학설에서는 오존홀의 생성과 기온 저하 사이의 관계가 아직 충분한 설명이 내려지고 있지 않다. 또한 저위도 해면 온도의 상승 등으로 오존을 포함한 물질과 열량을 고위도로 수송하는 대기 대순환이 1980년대에 들어 약해졌다는 이론적 연구도 제기되고 있다.

2) 광화학 반응설(프레온의 영향)

프레온에 의한 광화학 반응설로 오존홀을 설명하기 위해서는, 먼저 9월과 10월에 하부 성층권에서 오존 소멸에 중요한 역할을 하는 일산화염소 등 염소 산화물이 왜 대량으로 생성되는지를 밝혀야 한다.

프레온으로부터 유리되는 염소 원자는 대부분이 하부 성층권에서 주로 염화수소(HCl)나 염소 질산염($ClNO_3$ 또는 $ClONO_2$)의 형태로 '저장'되어 있다. 전자는 주로 염소 원자와 메탄(CH_4)의 반응으로 생성되며, 후자는 일산화염소(ClO)와 이산화질소(NO_2)의 반응으로 생긴다. 반대로 HCl이나 $ClONO_2$로부터는 태양자외선에 의한 해리로 염소 원자가 유리되므로, 이들 '저장물질'은 대기 중 염소 원자의 생성과 소멸을 제어해 그 농도를 결정하는 작용을 한다.

남극의 겨울철에 하루 종일 태양이 비치지 않을 때에는 해리가 일어나지 않으므로 염소 원자의 대부분은 HCl이나 $ClONO_2$의 형태인 '저장물질'에 점차 축적되어 간다. 그러나 봄이 되어 태양 광선이 다시 비추기 시작하면, 해리에 의해 염소 원자가 한꺼번에 유리되므로 오존 소멸을 촉진하는 촉매 작용이 갑자기 커진다.

여기서 이들 분자가 분리되기 위해 필요한 자외선 파장을 알아보자.

〈그림 71〉에는 여러 분자의 흡수 단면적 스펙트럼이 제시되어 있으

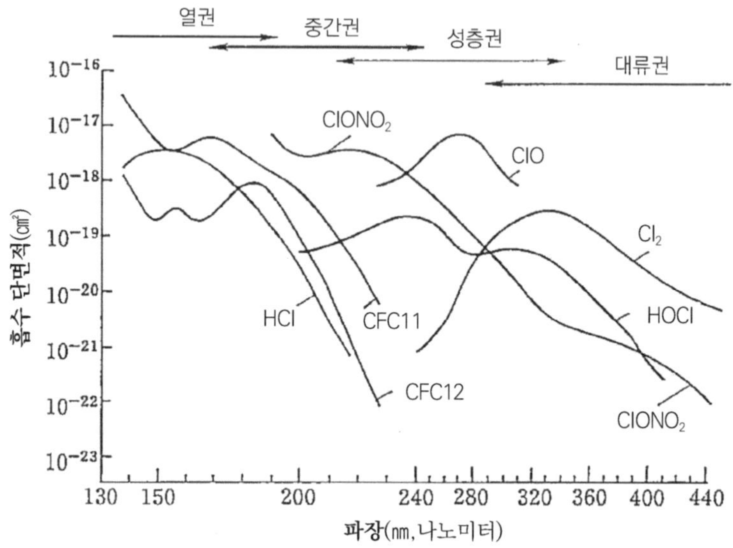

그림 71 오존홀 생성에 관여하는 염소 함유 분자의 흡수 단면적 스펙트럼

며, 그림의 가로축에는 각 분자가 자외선을 흡수해 해리되는 영역이 표시되어 있다. 파장이 짧은 자외선은 상부 성층권에서 대부분 흡수되기 때문에 하부 성층권까지 도달하지 못한다. 따라서 HCl처럼 파장이 짧은 자외선으로 해리되는 분자는 하부 성층권에서는 해리될 수 없다.

〈그림 71〉을 보면 하부 성층권에서 쉽게 해리되는 것은 파장이 긴 자외선으로 해리되는 염소 분자(Cl_2)나 수산화염소(HOCl) 등의 분자이다. 따라서 겨울 동안에 HCl이나 $ClONO_2$를 이들 분자로 바꿀 수 있다면, 봄이 되어 염소 분자가 하부 성층권에 많이 생기게 된다. 또한 $ClONO_2$인 경우는 하부 성층권에서 해리되지만, Cl_2나 HOCl쪽이 흡수 단면적인 크

기 때문에 염소 원자를 생성하는 능력이 크다.

겨울 동안에 하부 성층권에서 HCl이나 $ClONO_2$를 Cl_2이나 HOCl로 바꾸는 반응은 기체 분자끼리의 반응으로는 매우 느리기 때문에 문제가 되지 않는다. 그런데 구름의 얼음 입자와 같은 고체 표면에서는 이러한 반응이 촉진되므로 극성층권운의 생성과 존재가 중요한 요소가 된다. 이에 대해 설명하기 전에 염소 산화물에 의해 일어나는 촉매 반응을 살펴보겠다.

3) 하부 성층권에서의 염소 산화물의 촉매 반응

5장 〈화학식 4〉에서 설명한 염소 산화물의 촉매 반응에서는 R_8 반응에 산소 원자가 필요하므로, 이 반응계는 하부 성층권에서는 일어나기 어렵다. 따라서 R_8 대신 산소 원자를 필요로 하지 않고 ClO를 Cl로 바꾸는 반응으로 R_7 반응과 함께 염소 산화물의 촉매 반응계를 완성시키는 기구를 찾아내야 한다.

R_7 $O_3 + Cl \rightarrow O_2 + ClO$

R_{10} $C10 + ClO + M \rightarrow (ClO)_2 + M$

J_4 $(ClO)_2 + 태양\ 자외선 \rightarrow Cl + ClOO$

R_{11} $ClOO + M \rightarrow Cl + O_2 + M$

$2\,R_7 + R_{10} + J_4 + R_{11}$ $2O_3 \rightarrow 3O_2$

화학식 6 오존홀 속의 하부 성층권에서 일어나는 염소 산화물의 촉매 반응

우리는 〈그림 69〉에서 오존홀 속에서는 ClO가 아주 증가한다는 것을 알았다. 거기서는 ClO끼리의 반응이 커진다고 생각된다. 이 반응은 〈화학식 6〉의 R_{10}으로 표시된 것처럼 ClO의 중합체(같은 분자 2개가 결합해 생긴 분자)를 만든다. 그로부터는 J_4나 R_{11}의 반응에 의해 염소 원자가 생성된다. 〈화학식 6〉의 모든 반응을 합해 보면 알 수 있듯이, 이 촉매 반응계의 종합적 효과는 2개의 오존을 3개의 산소 분자로 바꾸는 작용을 한다.

하부 성층권에서 염소 산화물의 촉매 작용에 의해 오존이 감소하기 위해서는 〈화학식 6〉의 반응계 중에서 R_{10} 반응이 효과적으로 일어나는 일이 중요하다. 이 반응이 오존홀 속에서 증가하는 것은 다음 사실로부터도 분명하다. 즉 이 반응 속도는 ClO 밀도의 제곱에 비례하므로 오존홀 속에서는 ClO의 밀도와 함께 커지는 한편, 이에 대항하는 ClO와 NO_2의 반응은 오존홀 속에서는 NO_2가 감소하므로 늦어진다.

오존홀 속에서는 NO_2가 적다는 것이 관측되고 있는데, 그 이유로는 〈화학식 7〉에서 제시된 기구가 작용하는 것으로 생각되고 있다. 이 과정에서 NO_2가 NHO_3로 변해 양이 감소하며, 이렇게 생성된 NHO_3는 뒤에

$$
\begin{array}{ll}
R_{12} & NO_2 + O_3 \rightarrow NO_3 + O_2 \\
R_{13} & NO_2 + NO_3 + M \rightarrow N_2O_5 + M \\
R_{14} & N_2O_5 + H_2O \rightarrow 2HNO_3
\end{array}
$$

화학식 7 오존홀 속에서 NO_2가 줄어드는 기구

서 설명하듯이 극성층권운의 생성에 중요한 작용을 한다. R_{14}의 반응도 기체끼리의 반응인 경우는 아주 느리지만, 성층권운의 얼음 입자 위에서는 빨리 일어난다.

화학 반응설의 문제점은 오존홀이 발달하는 해의 10월에 기온이 낮다는 사실(〈그림 70〉 참조)을 어떻게 설명할 것인가에 있다. 이에 대해 기온이 낮은 것은 오존 감소의 결과라는 견해가 있다. 또 다른 견해로는 이산화탄소나 프레온 등의 증가로 인해 성층권에서 우주 공간으로 방출되는 적외선 복사가 증가해 기온이 낮아졌다고 보는 주장도 있다. 후자의 설명이 옳다면 10월뿐 아니라 연중 내내 온도가 낮아지는 경향이 나타나야 한다. 최근의 해석 결과로는 1980년대에 들어와 상부 성층권이나 남극의 하부 성층권에서 그런 경향이 일어난다고 주장하는 학자도 있다.

4. 극성층권운의 역할

앞에서 여러 번 언급했듯이, 남극 오존홀 생성에는 극성층권운(Polar Stratospheric Clouds, 이하 PSC)이 중요한 역할을 한다. 이 얼음 입자의 구름은 남극의 한겨울에 기온이 190K 이하로 떨어질 때 생성된다. 〈그림 70〉에서도 볼 수 있듯이 남극 성층권의 기온은 6월에서 8월 사이에 190K 이하로 내려간다.

10장 4절에서 얘기한 것처럼 18㎞에서 22㎞의 성층권에는 25%의 황산(H_2SO_4)을 포함한 물방울로 되어 있는 에어로졸 입자층(융계층)이 존재한다. 보통 이 높이의 성층권 온도는 220K 이상이지만(〈그림 3〉 참조), 기온이 내려가 200K가 되면 이들 입자는 얼어 황산의 얼음 입자가 된다. 이때 입자 크기는 0.7μm에서 0.14μm 정도로 성장한다. 온도가 더 떨어지면 이 얼음 입자를 핵으로 하는 질산(NHO_3)의 얼음 입자가 형성되고, 이 입자는 1μm 정도의 크기가 된다.

PSC의 입자가 황산이 아닌 질산의 얼음 입자로 구성되어 있다는 것은 PSC를 통과한 빛의 감쇠 특성을 분석한 결과로부터 확인된다.

일반적으로 기체 분자는 각각 고유한 포화 증기 압력을 가지며, 이 값

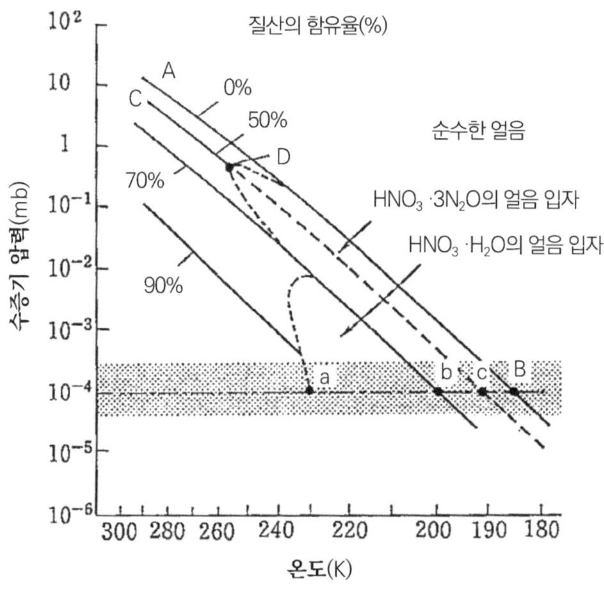

그림 72 질산을 함유한 수증기의 포화 증기 곡선

은 온도에 따라 변한다. 기체의 증기 압력은 그 온도의 포화 증기 압력보다 크면, 여분의 양은 액체나 고체 상태로 전환된다. 다시 말해 기체 분자의 온도가 포화 증기 압력의 온도보다 낮아지면 액화 또는 고화가 일어난다.

순수한 수증기인 경우는 수증기의 얼음(ICE)에 대한 포화 증기 압력과 온도의 관계는 〈그림 72〉의 AB선과 같이 나타난다. 하부 성층권에서의 수증기 분압은 그림에서 음영으로 표시된 영역에 해당하므로, 예를 들어 가로선으로 나타낸 10^{-4}mb의 수증기 압력인 경우에는 그것이 고화해 얼음 입자가 되는 데는 온도가 포화 증기 압력 곡선과 가로선이 교차되는 B점에 상당하는 185K 이하로 내려가야 한다. 실제로 겨울의 남극 상공의 하부 성층권 온도는 190K 정도로 이보다 몇 도나 높으므로 순수한 수증기만으로는 얼음 입자가 생기지 않는다.

그런데 수증기와 질산의 혼합물인 경우는 질산의 함유율에 따라 그림에서 % 기호로 나타낸 포화 증기 곡선이 된다. 질산의 함유율이 70% 이하, 예를 들어 50%일 때는 수증기 압력의 변화에 대응해 포화 온도가 CD선을 따라 변하며, D 이하의 온도가 되면 3개의 물분자를 포함하는 $HNO_3 \cdot 3H_2O$의 결정이 생겨 빙결이 일어난다. 또한 70% 이상의 질산을 함유하는 경우는 1개의 물분자를 포함하는 $HNO_3 \cdot H_2O$의 결정이 생겨서 빙결하게 된다. 어느 쪽이든 하부 성층권의 수증기는 가로선상의 점 B보다 왼쪽의 a, b, c 등의 점에 해당하는 온도에서 빙결이 일어난다.

실제로는 어떤 온도에서 빙결이 일어나는지는 질산의 함유율에 의존한다. 190K 정도에서 얼음 입자로 이루어진 구름이 생성되려면 c점 부근

$$R_{15} \quad HCl + ClONO_2 \rightarrow HNO_3 + Cl$$

$$R_{16} \quad H_2O + ClONO_2 \rightarrow HNO_3 + HOCl$$

화학식 8 극성층권운(PSC) 위에서 일어나는 화학 반응

에서 빙결이 일어나야 하므로, 질산의 함유율은 50% 정도가 되어야 한다. 그리고 얼음 입자는 3개의 물분자를 포함하는 질산 입자($HNO_3 \cdot 3H_2O$)를 핵으로 하여 만들어져야 한다.

PSC의 얼음 입자상에서는 〈화학식 8〉에 보인 것 같은 반응이 촉진되는 결과, Cl_2, $HOCl$이 생긴다. 이들 분자는 봄이 되어 PSC의 얼음 입자가 증발하면 기체 분자로 대기 중에 방출되고, 그 뒤 이들이 해리되면서 염소 원자가 하부 성층권에 생긴다는 것은 앞에서 설명한 바와 같다. 또한 〈화학식 7〉에 있는 R_{14}의 반응도 보통의 기체 반응에서는 아주 느린데 분자가 얼음 입자 위에 부착하면 반응이 일어날 확률이 증가한다. 이 반응과 〈화학식 8〉의 R_{15} 및 R_{16}의 반응으로부터는 HNO_3이 생기므로, 이들은 일부 PSC의 생성을 돕는 작용을 하지만, 커진 질산의 얼음 입자(190K 이하에서는 수 μm의 크기로 성장한다)는 중력에 의한 낙하 속도가 증가하므로 점차 대류권에 하강하여 성층권에서 없어진다.

이들 작용은 오존홀 속에서 질소 산화물이 적다는 관측 사실을 설명해 줌과 더불어 ClO이 NO_2와 반응하여 없어지는 것을 적게 하여 〈화학식 6〉

의 염소 산화물의 촉매 작용을 조장하고 있기도 하다.

남극의 한겨울 성층권이 190K 이하의 온도로 내려가는 데는 이른바 '극야(極夜)'로 겨울 동안에 태양 광선이 전혀 비치지 않는 것 외에 겨울철 극지방에서 발달하는 주극맴돌이 운동 또는 극맴돌이(Polar Vortex) 운동의 형성과 강화가 함께 작용하기 때문이다. 6장 3절에서 설명한 것처럼 겨울철 극지방에는 극을 둘러싸며 부는 강한 서풍이 있고(〈그림 31〉 참조), 북극인 경우 이 바람이 크게 곡류(曲流)하여 제트류을 형성한다. 그 모양은 시시각각 변화해 일정하지 않고, 맴돌이 중심도 북극점과 반드시 일치하지 않는다. 반면 남극의 경우에는 남반구 지형이 단순하고 남극 대륙이 사방이 바다로 둘러싸여 있어 극맴돌이 모양도 비교적 단순하며 거의 원형에 가깝다. 또한 그 중심도 남극점과 매우 가까운 일정한 위치에 유지된다.

이러한 정상적인 원주 운동이 생기기 때문에 저위도의 따뜻한 공기가 내부로 들어오지 못하게 된다. 그 결과 오존의 수송이 차단될 뿐 아니라, 저위도에서 공급되어야 할 열량 수송도 방해를 받아 극맴돌이 내부는 겨울 동안 극도로 냉각된다.

북극 주변의 겨울에는 끊임없이 변화하는 '남북으로 곡류하는' 극맴돌이가 생기므로, 겨울철이라 하더라도 저위도에서 온 오존이나 열이 이 속으로 섞여 들어올 수 있다. 따라서 북극의 겨울은 남극의 겨울보다는 덜 차가워지고 PSC가 생길 기회도 상대적으로 적다.

1989년 1월에서 2월에 걸쳐 북극 성층권의 종합 관측이 국제 협력으로 이루어졌으며, 일본도 이에 참여했다. 그 결과 고도 18㎞를 날아오른

ER2기의 관측으로는 오존홀이 발견되지 않았다. 이는 북극 주변의 극맴돌이의 성질을 고려하면 예상된 결과였다. 그러나 기구 관측에서는 고도 20㎞ 이상의 상공에서 비록 작은 범위이지만 오존 밀도가 감소한 영역이 발견되었다. 그 주변에는 PSC도 관측되어 북극에서도 온도가 낮고 PSC가 발달하는 장소에서는 국소적으로 오존 밀도가 감소한다는 사실이 증명되었다. 이때의 관측에서 나고야(名古屋) 대학의 곤도(近藤豊) 박사가 촬영 PSC 사진이 책 앞부분에 실려 있다.

그러나 저위도 공기가 혼입되는 북극의 겨울에서는 염소 산화물, 특히 ClO의 증가가 관측되었는데도 불구하고 남극만큼의 대규모적인 오존홀이 생기지 않는 것은 사실이다. 이는 지금까지 설명해 온 남극 오존홀의 생성 기구가 옳다는 것을 뒷받침하는 결과라고 할 수 있다.

5. 성층권 돌연 이상 승온의 영향

1952년 2월 23일, 베를린 상공의 15mb(약 28㎞)의 고도의 온도가 이틀 동안 42도나 상승하는 현상이 관측되었다. 기온 상승의 영향은 점차 내려가서 2주일 뒤에는 200mb(약 12㎞) 고도에서 사라졌다. 이처럼 큰 규모의 돌연 승온(突然昇溫)은 1957년 겨울 미국 상공에서도 다시 일어났는데, 그 원인은 "역학적 불안정 때문에 성층권 순환이 유지되지 못했기 때문"이라는 점이 밝혀졌다. 관측 결과, 승온은 극지역을 포함한 고위도에서 일어났고, 저위도에서는 반대로 온도가 약간 낮아지는 경향을 보였다. 또한 승온은 상부 성층권에서 시작되어 중·하부로 하강해 온다. 또한 처음에 서풍이었던 운동이 승온과 더불어 동풍으로 변하는 것을 볼 수 있었다.

성층권에서는 여름철 고위도에서 겨울철 고위도로 향할수록 온도가 하강한다. 그 때문에 겨울 반구에서는 저위도에서 고위도로 갈수록 온도가 점차 내려간다. 이러한 온도 차이에 의해 공기가 남북 방향으로 운동하려고 하면 코리올리 편향력이 작용해(6장 3절 참조) 북반구에서는 오른쪽으로, 남반구에서는 왼쪽으로 휘어지게 된다. 이 결과 어느 반구에서도 겨울철 공기 운동은 서풍이 된다. 이 온도 차이에 의해 일어나는 바람을 온도풍(溫度風)이라고 부른다. 〈그림 73〉에서 볼 수 있듯이, 남반구에서 이

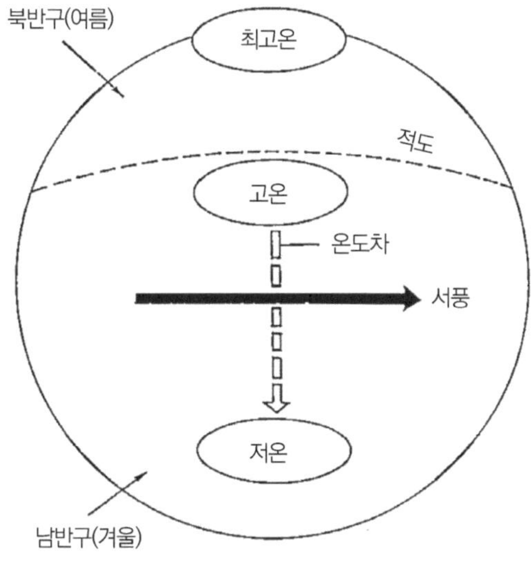

그림 73 남반구에서의 온도 기울기와 온도풍의 관계. 돌연승온이 발생하면 바람과 온도 차이를 나타내는 두 화살표의 방향이 서로 반대가 되어, 극지역이 고온 상태가 된다.

서풍은 저온 영역을 오른쪽으로 보면서 불게 된다.

겨울철 고위도에서 강한 '행성 파동(行星波動)'이 대류권에서 성층권으로 전파되어 가면 서풍의 에너지를 빼앗아 그것을 감속시킨다는 것이 밝혀졌다. 파동이 어떤 고도에 가까워지면 에너지를 흡수해 동풍이 가속되고, 결국 바람은 동풍으로 바뀐다. 그리고 이 고도보다 위에서는 파동이 전파되지 못하는 동시에, 다시 밑으로부터 파동이 계속 전파되어 오면 동풍이 극도로 강해진다. '온도풍'의 원리에 따르면 동풍의 존재는 보통과는 반대로 고위도의 온도가 저위도보다 높다는 것을 의미한다. 이 때문에 고위도의 온도가 이상적으로 상승한다.

그 후의 관측에 따르면 겨울철 성층권에 특유한 승온 현상은 작은 규모로는 가끔 일어난다. 하지만 극지방까지 포함하는 대규모적인 현상은 몇 년에 한 번 정도밖에 일어나지 않으며, 특히 남반구에서 그러한 큰 돌연 승온이 관측된 일은 없었다. 그런데 1988년 남반구 겨울에 오존홀이 발생하는 9월에서 10월 사이에 대규모 돌연 승온이 발생했다. 이로 인해 극맴돌이의 안정성이 무너지고 남극 상공의 기온이 상승했으며, 중위도의 오존이 극지방으로 흘러 들어갔다. 그 결과 그해의 남극 오존홀은 발달하지 못했다. 〈그림 64〉의 쇼와 기지의 관측데이터에서 1988년의 오존 전량이 증가하고 있는 것은 바로 이 때문이다.

1988년 겨울 남극에서 일어난 특이한 상황을 더 자세히 보기 위해 〈그림 74〉에는 과거 20년간에 쇼와 기지 상공 30mb에서 8월에서 11월까지 관측된 모든 기온값이 극지연구소의 간자와(神澤博) 씨에 의해 좌표

로 나타낸 결과가 제시되었다. 선으로 표시된 것은 1987년과 1988년의
관측 데이터이다. 1987년은 20년간 중 온도가 가장 낮았으며 오존홀이
가장 발달한 해이기도 했다. 반면 1988년의 온도는 20년 동안 가장 높았
을 뿐만 아니라, 8월 말부터 9월 초에 걸쳐 비정상적으로 큰 승온이 발생
했는데, 이것은 틀림없이 성층권 돌연 이상 승온이다. 또한 그 이후로도
몇 번인가 승온이 반복되어 나타났다. 이는 반드시 별개의 승온 현상이
아니라, 하나의 승온으로 생긴 고온 지역이 운동에 의해 이동하면서 쇼와
기지 상공을 여러 번 통과했기 때문일 수도 있다.

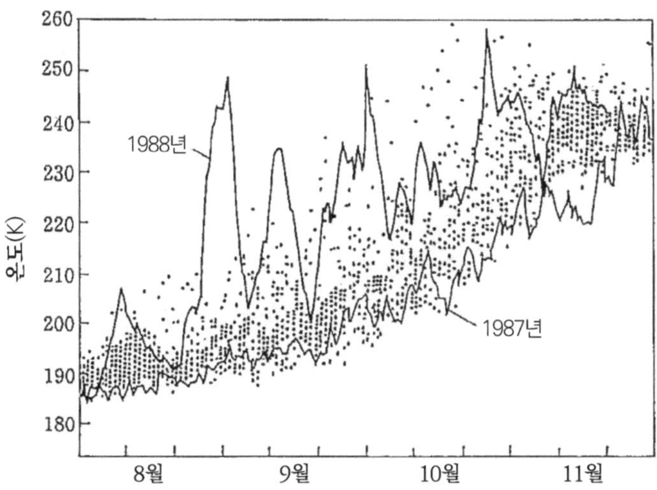

그림 74 쇼와 기지 상공 30mb의 8월부터 11월까지의 기온 변화. 1966년부터 1986년까지
의 모든 관측값은 검은 점으로, 1987년과 1988년의 관측값은 실선으로 표시함.(극지
연구소, 간자와 씨 작성)

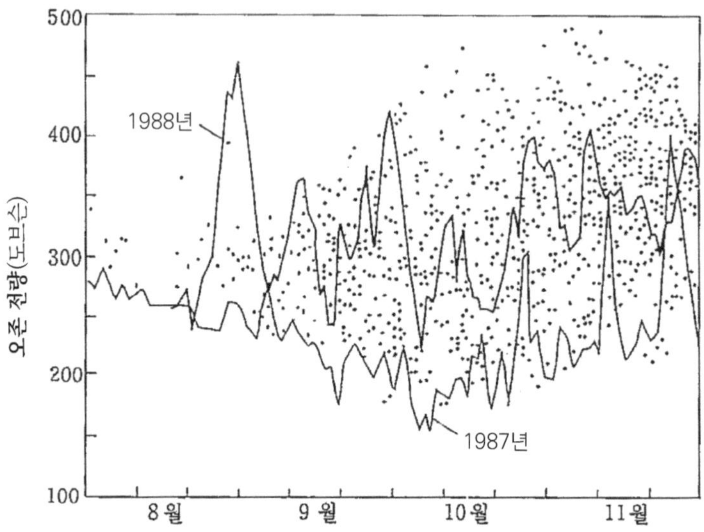

그림 75 쇼와 기지 상공 30mb의 8월부터 11월까지의 오존 전량 변화. 1966년부터1986년 까지의 모든 관측값은 검은 점으로, 1987년과 1988년 관측값은 실선으로 표시 함.(극지연구소, 간자와 씨 작성)

마찬가지로 오존 전량값을 도표화하면 〈그림 75〉와 같이 승온 시기에 오존이 증가한다는 것을 확인할 수 있다. 이는 승온의 원인이 되는 역학 적 효과로 남극을 둘러싸는 극맴돌이가 파괴되어 저위도의 오존을 포함 한 공기가 남극 상공으로 흘러들어왔기 때문이다. 또한 〈그림 67〉에 제시 된 것처럼 11월에 오존홀이 해소되면서 갑자기 오존 전량값이 갑자기 커 지는 현상이 관측된다. 이것은 그 시기에 남극이 봄에서 여름으로 이동하 면서 기온이 상승하고 극맴돌이가 파괴되기 때문이며, 본질적으로는 돌 연 이상 승온과 같은 현상이다. 11월에 기온이 급격히 상승하는 이 현상을 최종 승온(最終昇溫)이라고 부른다.

지금까지 남반구의 겨울에 이러한 큰 돌연 승온이 일어난다는 것은 관측되지 않았으며, 남반구 지형적 특성상 일어날 수 없다고 여겨져 왔다. 남극의 오존홀 관측을 기회로 그 존재가 알려졌는데, 이는 행성 파동의 생성이나 그 전파 기구에 대해 다시 생각해 볼 필요가 있음을 시사한다. 1988년에는 마침 돌연 이상 승온이 발생했기 때문에 오존홀이 나타나지 않았지만, 오존홀의 원인이라고 생각되는 대기 중의 프레온 증가는 계속되고 있으므로, 1989년 겨울에는 다시 큰 오존홀이 관측될 것으로 예상되었다. 다만 현재는 태양 활동이 상승기에 있으므로 그 영향이 어떻게 나타날지가 문제이다. 돌연 이상 승온이 발생하는 것도 간접적으로 태양 활동이 활발해지는 것과 관계가 있을지도 모른다.

6. 1990년 12월 추기

그 뒤 인공위성 님버스 7호에 의해 1989년과 1990년의 남극의 봄철 오존홀 관측 결과가 밝혀졌다.

그 결과에 따르면, 1989년에는 1987년과 비슷하거나 그 이상의 오존 밀도 감소가 발생했음을 알 수 있다. 오존 밀도가 감소하는 영역의 크기는 여전히 70도보다 고위도의 하부 성층권에 한정되어 있으나, 10월 상순의 남극점 부근의 오존 전량은 100에서 125도브슨 사이로, 1987년 10월의 평균값인 140도브슨(〈그림 66〉 참조)보다 더 작아졌다.

1989년은 태양 활동이 활발해지고 있는데도 불구하고 남극을 둘러싸는 주극 운동이 발달했기 때문에 그 내부의 온도가 예상 이상으로 냉각되어 오존홀이 발달했다고 판단된다. 당시 1989년은 적도 부근의 준 2년 주기 운동(적도 지대에 특유한 주기 운동으로 약 26개월의 주기로 동풍과 서풍이 교체된다)이 동풍이 되므로, 그런 때에는 지금까지의 예로 보면 성층권의 맴돌이 운동이 활발해져 더 많은 열을 열대 지방으로부터 극지방으로 운반하므로 남극의 온도가 크게 내려가지 않아 오존홀도 약화될 것이라는 예상도 있었다. 그러나 관측 결과는 이러한 예상을 뒤엎고 1987년을 다소 웃도는 깊이의 오존홀이 생겼음을 보여준다.

속보에 따르면, 1990년 봄에도 남극에서 1989년과 같은 정도의 오존 밀도의 감소가 있었다고 한다. 이것은 1989년과 1990년에 걸쳐 처음으로 2년 연속해 커다란 오존홀이 관측된 사례가 되어 결국 사태의 중대성을 시사하는 것이라고 생각된다.

마치며

성층권 오존 문제는 단지 자연 과학 문제를 넘어 정치, 경제, 사회, 그리고 윤리 문제까지 아우르는 복합적인 사안이다. 인간이 물질적 욕망, 나아가 생활의 풍요로움과 편리함만을 추구하며 지구 환경의 파괴를 돌아보지 않고 살아가는 것은 이제는 허용되지 않는다.

프레온의 본격적 생산과 사용이 시작된 이래, 아직 30년밖에 지나지 않았다. 프레온에 의한 전 지구 규모의 성층권 오존 파괴는 100년 이상이 지나야 진짜 결과가 나타날 것이라고 예상되므로, 현재 지구에 살고 있는 대부분의 사람에게 그 피해는 자신들이나 자녀들이 감당할 몫이 아니다. 그것은 자신들의 손자, 또는 그 이후 세대가 입을 피해이다. 지금 프레온이 대량으로 대기 중에 방출되는 것을 방지하지 않으면 손자 세대 이후에 그 막대한 대가를 치르게 될 것이다. 우리는 기껏해야 자녀 세대까지는 책임이 있지만, 손자들에 대한 책임은 자녀들이 져야 한다고 말할 수 있는가?

1960년대에 발생한 미나마타병의 경우에도 피해가 그렇게 확대되기 전에 고양이가 미쳐서 바다에 뛰어들거나, 물고기가 대량으로 죽어 떠오르는 등의 이상 현상이 있었다고 한다. 더욱이 그 원인이 질소 공장의 폐액에 함유된 유기 수은이라고 지적한 사람도 있었다고 들었다. 그 단계에서 조치를 취했더라면, 그러한 비참하고 큰 피해를 막고 끝났을 것이다.

지금의 경우에 남극의 오존홀은 어쩌면 우리에게 위험을 알려 주는 이상 현상일지도 모른다. 프레온에 의한 성층권의 오존 파괴나 이산화탄소 및 프레온가스 증가로 인한 지구 온난화 문제는 전 지구적인 대규모 환경 오염 문제일 뿐만 아니라, 한 번 큰 변화가 일어나면 원래대로 되돌리는 것이 거의 불가능하다. 따라서 이러한 문제들은 결국 인류 전체의 존재가 위태롭게 된다는 점에서 미나마타병과 같은 지역적이고 회복 가능(환자가 받은 피해는 회복 불가능하지만)한 환경 파괴와는 본질적으로 다른 중요성을 지닌다.

프레온에 의해 성층권 오존 파괴가 일어난다는 것은 어차피 인류가 알게 될 문제였지만, 실제로 그 피해가 일어나기 이전에 깨닫게 된 것은 참으로 행운이라 할 수 있다. 남극 오존홀의 발견을 통해 국소적이나마 프레온에 의해 성층권 오존이 파괴된 사실이 밝혀진 것도 행운이었다. 그에 의해서 프레온을 규제할 필요성이 세계 사람들에게 인식되어 국제 협력이 단번에 진척되게 되었다. 남극의 봄철 성층권 오존이 비정상적으로 적다는 점에 의심을 품고, 이것이 프레온과 관계가 있을 수 있다는 판단 아래 즉시 조사에 착수해 문제 핵심을 짧은 기간 동안에 간파할 수 있었던 것도 CIAP위원회에 의한 SST조사에서 시작한 성층권의 과학적 연구가 발전되어 기초 지식이 만들어져 있었던 것과 과학자들의 관심이 깊었던 것이 크게 공헌했다.

최근의 프레온 규제에 관한 몬트리올 회의나 헬싱키 선언 등을 보면 인간의 지혜가 일단 이 위기를 회피하려고 움직이는 것 같아 기쁜 일이다. 그러나 실제로 이 위기를 피할 수 있을지 없을지는 정부와 민간 기업을 비롯하여 한 사람 한 사람의 개인적인 자각과 협력에 달려 있다. 다소 생활에 불편이 있더라도 프레온이나 이를 사용해 만든 제품의 상용을 중단하거나, 비용 부담이 있더라도 프레온 대체품을 사용하도록 노력해야 한다. 프레온에 의한 피해를 사전에 알아차린 인간의 예지는 반드시 이 문제를 해결할 지혜와 용기 역시 창조할 수 있다고 믿는다.